MatWerk

Edited by
Dr.-Ing. Frank O. R. Fischer (Deutsche Gesellschaft für Materialkunde e.V.)
Frankfurt am Main, Deutschland

Die inhaltliche Zielsetzung der Reihe ist es, das Fachgebiet „Materialwissenschaft und Werkstofftechnik" (kurz MatWerk) durch hervorragende Forschungsergebnisse bestmöglich abzubilden. Dabei versteht sich die Materialwissenschaft und Werkstofftechnik als Schlüsseldisziplin, die eine Vielzahl von Lösungen für gesellschaftlich relevante Herausforderungen bereitstellt, namentlich in den großen Zukunftsfeldern Energie, Klima- und Umweltschutz, Ressourcenschonung, Mobilität, Gesundheit, Sicherheit oder Kommunikation. Die aus der Materialwissenschaft gewonnenen Erkenntnisse ermöglichen die Herstellung technischer Werkstoffe mit neuen oder verbesserten Eigenschaften. Die Eigenschaften eines Bauteils sind von der Werkstoffauswahl, von der konstruktiven Gestaltung des Bauteils, dem Herstellungsprozess und den betrieblichen Beanspruchungen im Einsatz abhängig. Dies schließt den gesamten Lebenszyklus von Bauteilen bis zum Recycling oder zur stofflichen Weiterwertung ein. Auch die Entwicklung völlig neuer Herstellungsverfahren zählt dazu. Ohne diese stetigen Forschungsergebnisse wäre ein kontinuierlicher Fortschritt zum Beispiel im Maschinenbau, im Automobilbau, in der Luftfahrtindustrie, in der chemischen Industrie, in Medizintechnik, in der Energietechnik, im Umweltschutz usw. nicht denkbar. Daher werden in der Reihe nur ausgewählte Dissertationen, Habilitationen und Sammelbände veröffentlicht. Ein Beirat aus namhaften Wissenschaftlern und Praktikern steht für die geprüfte Qualität der Ergebnisse. Die Reihe steht sowohl Nachwuchswissenschaftlern als auch etablierten Ingenieurwissenschaftlern offen.

It is the substantive aim of this academic series to optimally illustrate the scientific fields "material sciences and engineering" (MatWerk for short) by presenting outstanding research results. Material sciences and engineering consider themselves as key disciplines that provide a wide range of solutions for the challenges currently posed for society, particularly in such cutting-edge fields as energy, climate and environmental protection, sustainable use of resources, mobility, health, safety, or communication. The findings gained from material sciences enable the production of technical materials with new or enhanced properties. The properties of a structural component depend on the selected technical material, the constructive design of the component, the production process, and the operational load during use. This comprises the complete life cycle of structural components up to their recycling or re-use of the materials. It also includes the development of completely new production methods. It will only be possible to ensure a continuous progress, for example in engineering, automotive industry, aviation industry, chemical industry, medical engineering, energy technology, environment protection etc., by constantly gaining such research results. Therefore, only selected dissertations, habilitations, and collected works are published in this series. An advisory board consisting of renowned scientists and practitioners stands for the certified quality of the results. The series is open to early-stage researchers as well as to established engineering scientists.

Herausgeber/Editor:
Dr.-Ing. Frank O. R. Fischer (Deutsche Gesellschaft für Materialkunde e.V.)
Frankfurt am Main, Deutschland

Frieder Ostermaier

Krümmungssensitive Biomembransensoren

Ein Aufbau mit Kohlenstoffnanoröhren

Mit einem Geleitwort von
Prof. Dr. rer. nat. et Ing. habil. Michael Mertig

 Springer

Frieder Ostermaier
Dresden, Deutschland

Zugl.: Dissertation Technische Universität Dresden, 2014

MatWerk
ISBN 978-3-658-11925-6   ISBN 978-3-658-11926-3 (eBook)
DOI 10.1007/978-3-658-11926-3

Die Deutsche Nationalbibliothek verzeichnet diese Publikation in der Deutschen Nationalbi-
bliografie; detaillierte bibliografische Daten sind im Internet über http://dnb.d-nb.de abrufbar.

Springer

Gedruckt auf säurefreiem und chlorfrei gebleichtem Papier

Springer Fachmedien Wiesbaden ist Teil der Fachverlagsgruppe Springer Science+Business Media
(www.springer.com)

Geleitwort

Die spezifische Detektion der Wechselwirkungen zwischen einzelnen Biomolekülen sowie deren Interaktion mit chemischen Wirkstoffen nimmt heute in der medizinischen und insbesondere in der pharmakologischen Forschung einen sehr hohen Stellenwert ein. Dabei ist neben dem Nachweis der spezifischen Bindung selbst vor allem die Bestimmung von Bindungskinetiken von großer Bedeutung. Mit dieser Aufgabenstellung wurde eine Vielzahl von Sensoren in den letzten Jahren entwickelt, deren Signale über verschiedenste Wandlerprinzipien ausgelesen werden. Zu letzten gehören vor allem optische, elektrische und mechanische Methoden der Signalauswertung, wobei bei allen Sensorentwicklungen stets das Erreichen von möglichst hoher Sensitivität, Selektivität und Langzeitstabilität im Vordergrund steht. Außerdem rückt zunehmend das Interesse an Miniaturisierung der Sensoren in den Fokus des wissenschaftlich-technischen Interesses, um die Detektion hochgradig parallel und mit geringsten Analytenmengen durchführen zu können.

Die hier vorliegende Dissertationsschrift von Herrn Dr. Ostermaier zielt insgesamt auf die Anwendung von Kohlenstoffnanoröhren für die Untersuchung neuartiger Fragestellungen in der biologischen Sensorik, insbesondere für die Untersuchung von Membranproteinen. Diese spielen in der belebten Natur eine bedeutende Rolle, da sie den Transport von Ionen und Molekülen durch die Zellmembran hindurch - d.h. von einem Kompartiment in ein benachbartes - ermöglichen und steuern. Es besteht daher ein besonderes Interesse, die spezifische Funktion einzelner Membranproteine in vivo bzw. in vitro zu untersuchen.

Den Ansatz, den Herr Dr. Ostermaier in den seiner Dissertationsschrift zugrunde liegenden experimentellen Arbeiten wählt, beruht originär auf dem Aufbau von Kohlenstoffnanoröhren-basierten Feldeffekttransistoren (FET) als elektrische Wandlerelemente. Kohlenstoffnanoröhren (engl.: carbon nanotubes = CNT) stellen eindimensionale Leiter dar, deren spezifische Eigenschaften von ihren geometrischen Parametern wie Durchmesser und Chiralität abhängen. Der Aufbau von Feldeffekttransistoren erfordert daher den Einsatz von halbleitenden Röhren, was voraussetzt, dass Röhren mit bestimmten Chiralitäten aus einem Syntheseprodukt, in dem eine Vielzahl von Chiralitäten in der Regel statistisch verteilt vorliegen, aussortiert werden müssen. Mit Hilfe von sortierten Röhren können dann über Dielektrophorese Transistoren assembliert werden, deren Kanal für einen Analyten zugänglich ist und die deshalb als hoch sensitive Biosensoren verwendet werden können.

Die vorliegende Arbeit widmet sich anfangs diesen zwei, für den eigentlichen Sensoraufbau sehr wichtigen Schritten. Danach wird eine Modellbiomembran in Form einer substratgestützten Lipiddoppelschicht aufgebracht, die an den Stellen, wo die Kohlenstoffnanoröhren abgeschieden wurden, eine starke Krümmung aufweist. Die besondere Idee der Arbeit besteht darin, dass diese Orte für die Anreicherung von krümmungssensitiven Membranproteinen genutzt werden, wodurch die zu untersuchenden Proteine quasi in einem „Selbstassemblierungsschritt" genau dort lokalisiert werden, wo sie dann vermessen werden sollen.

Aus den von Dr. Ostermaier in seiner Dissertationsschrift vorgestellten Arbeiten erscheinen mir zwei als besonders hervorhebenswert. Diese betreffen das Sortieren bzw. die quantitative Charakterisierung des Sortierschritts und die Analyse der Mobilität der Membranproteine in eingeschränkten Geometrien.

UV/VIS-Spektroskopie ist eine in der Literatur häufig verwendete Methode zur Charakterisierung von Dispersionen einwandiger CNT, wobei die Interpretation der Spektren jedoch zumeist nur qualitativen Charakter besitzt. Herr Dr. Ostermaier kombiniert deshalb diese Methode mit Photolumineszenzmessungen. Er hat eine Methode entwickelt, die zum ersten Mal optische Übergangsmatrixelemente der Absorption nutzt, um die Anteile einzelner Chiralitäten in der Probe zu bestimmen. Die Methode erlaubt nach einmaliger Photolumineszenzmessung oder bei guter Kenntnis der Durchmesserverteilung routiniert und mit nur einer Messung des UV/VIS-Spektrums, den metallischen bzw. halbleitenden Anteil zu quantifizieren. Falls nur wenige Chiralitäten vertreten sind, wie beispielsweise bei Proben aus selektivem Wachstum bezüglich des Durchmessers, können sogar die Anteile einzelner Chiralitäten direkt bestimmt werden.

Um die Mobilität der Proteine in den substratunterstützten Doppellipidschichten zu bestimmen, hat er erfolgreich Experimente zur Fluoreszenzregeneration nach Photobleichung (engl.: fluorescent recovery after photobleaching = FRAP) durchgeführt. Zur Interpretation der Messwerte in den Elektrodenanordnungen mit Diffusionsbarrieren hat er ein Beschreibungsmodell entwickelt, welches ihm erlaubt, den Einfluss der dabei vorliegenden eingeschränkten Geometrien zu berücksichtigen.

Diese und weitere von ihm entwickelte und eingesetzte Methoden haben zum Teil Pilotcharakter und weisen ein hohes Potenzial für weiterführende Untersuchungen und zur Charakterisierung weiterer Systeme auf. Ich kann deshalb das Studium seiner vorgelegten Dissertationsschrift uneingeschränkt empfehlen.

Dresden

Prof. Dr. rer. nat. et Ing. habil. Michael Mertig

Danksagung

Die vorliegende Arbeit entstand in der Arbeitsgruppe ‚BioNanotechnologie und Strukturbildung' unter der Leitung von Prof. Michael Mertig. Ich möchte ihm dafür danken, dass er mir die Möglichkeit gegeben hat, sehr unabhängig an diesem spannenden Thema zu arbeiten. Für fachliche Fragen und Diskussionen stand er mir immer zur Seite und seine Ideen und Ratschläge haben mir stets weitergeholfen.

Prof. G. Gerlach möchte ich stellvertretend für alle Professoren danken, die sich für das Graduiertenkolleg ‚Bio- und Nanotechnologien für das Packaging elektronischer Systeme' engagieren, da das Graduiertenkolleg nicht nur viel Freude bereitet hat bei den gemeinsamen Veranstaltungen, sondern weil es durch die interdisziplinäre Vernetzung die Basis für ein erfolgreiches Arbeiten am eigenen Thema geschaffen hat. In diesem Zuge möchte ich auch der deutschen Forschungsgesellschaft DFG für die finanzielle Unterstützung in Form eines Stipendiums danken.

Prof. G. Rödel, Dr. Kai Ostermann und Stefan Hennig von der Professur für Allgemeine Genetik gilt Dank für das Vertrauen in die vorgestellte Idee zur Untersuchung von krümmungssensitiven Proteinen und besonderer Dank für die aufwendige Synthese des Proteins. Ich kann nur erahnen, wieviel Arbeit wirklich dafür notwendig war.

Dr. Suzanne Balko vom Leibniz-Institut für Polymerforschung Dresden e. V. möchte ich für viele Stunden Hilfe im Zusammenhang mit FRAP-Messungen und der Assemblierung von SLB danken.

Kristian Schneider kann ich nicht genug dafür danken, dass er meine trockene Idee von der spezifischen Funktionalisierung eines SLB-FET-Sensors zur Untersuchung von krümmungssensitiven Proteinen hat experimentell gedeihen lassen. Vielleicht kann ich dich mal auf einen Kaffee einladen.

Dr. Oliver Jost vom Fraunhofer IWS, Dresden möchte ich für die Bereitstellung von *arc discharge*-SWCNT danken.

Prof. Eychmüller und seinen Mitarbeitern Stefanie Gabriel, Lydia Bahrig und Jan Poppe danke ich für die Unterstützung bei der Photolumineszenzmessung, wo ich dem Messgerät vollkommen neue Fehlermeldungen entlocken konnte.

Jan Voigt möchte ich für die Instandhaltung geschundener Geräte danken und für das Verständnis, wenn der Labordienst vergessen wurde.

Dr. Juliane Posseckardt danke ich für die Einführung in die wunderbare Welt der CNT, der SLB und das kritische Lesen meiner Arbeit.

Evgeni Sperling möchte ich für die unsäglich zeitigen Termine für die Rasterelektronenmikroskopie danken. Ebenso gilt großer Dank der gesamten Arbeitsgruppe, in der alle immer bereit waren für einen Ratschlag, eine Diskussion oder einen Kaffee. Die Arbeit mit euch hat unglaublich viel Freude bereitet. Besonderer Dank gilt dabei Mathias Lakatos für das wiederholte Lesen der Arbeit und viele, viele nützliche Tipps und Hinweise.

Frau Ines Kube und Frau Dr. Bärbel Knöfel danke ich dafür, dass sie mir den Rücken frei gehalten haben, was Verträge, Bestellungen und vieles mehr betraf.

Beate Katzschner danke ich dafür, das sie immer die Chemikalie oder das Hilfsmittel da hat, das einem fehlt, und für die Plätzchen!!!

Meiner Freundin möchte ich ganz herzlich danken dafür, dass sie soviel Verständnis hatte, wenn es im Labor besonders zeitig los ging oder besonders lange dauerte und für die Motivation und Erbauung, wenn es mal nicht so gut lief.

Meiner Familie danke ich für die Unterstützung während der gesamten Zeit meines Studiums.

Meinen befreundeten Musikern und Bandkollegen danke ich dafür, dass ich mit euch so hervorragend abschalten konnte, um am nächsten Tag wieder voll und ganz bei der Sache zu sein.

Zu guter Letzt möchte ich dem Springer Verlag recht herzlich für die Unterstützung bei der Veröffentlichung meiner Dissertationschrift danken.

Dresden

Frieder Ostermaier

Inhaltsverzeichnis

Abbildungsverzeichnis

Tabellenverzeichnis

1 Einleitung

Kohlenstoffnanoröhren - *carbon nanotubes* (CNT) haben seit ihrer Entde-
ckung 1991 durch Ijima ein stark wachsendes Interesse hervorgerufen [35].
Ein Blick auf die Anzahl der Veröffentlichungen verdeutlicht das. 1992 gab
es 20 Veröffenlichungen zu Kohlenstoffnanoröhren. Im Jahr 2000 wurden
980 Veröffentlichenugen zu diesem Thema publiziert. Allein 2010 wurden
8930 Paper zu diesem Thema veröffentlicht [27, 57]. Zu Beginn der Untersuchung von CNT standen Aspekte der Grundlagenforschung im Vordergrund, wie deren elektrische Eigenschaften und die Entwicklung von Herstellungsverfahren, die für die Massenfertigung geeignet sind [77].

Das große Interesse an den Kohlenstoffnanoröhren liegt in ihren mechanischen, elektrischen und chemischen Eigenschaften begründet. CNT zeichnen sich aus durch ihr sehr hohes Elastizitätsmodul von $1.000\,GPa$ [106],
während sie mit $1.33\,g\,cm^{-3}$ eine sehr geringe Massendichte aufweisen
[25]. Aufgrund ihrer länglichen Form mit Aspektverhältnissen von bis zu
1.8×10^8 eignen sie sich hervorragend als Zusatz für neue Leichtbauma-
terialien oder um die Eigenschaften vorhandener Materialien zu optimieren (z.B. Zemente, Keramiken, Polymerwerkstoffe, Metalle, ...) [77, 101].
Erste kommerzielle Produkte mit CNT sind unter anderem Sportboote und
Rennräder. Allein auf dem Aspektverhältnis basierend wurden aber auch
Filter entwickelt, die kostengünstig und mobil keimfreies Wasser garantieren [17].

Neben diesen mechanischen Eigenschaften kommen herausragende elektrische Eigenschaften hinzu. Eine Untergruppe der CNT sind einwandige
Kohlenstoffnanoröhren - *single-walled carbon nanotubes* (SWCNT). Das
sind zylindrische Strukturen, deren Außenwand aus lediglich einer Lage
Graphen besteht. Zudem gibt es die Möglichkeit, dass der Zylinder von
mehreren Lagen Graphen ummantelt wird (mehrwandige Kohlenstoffnanoröhren - *multi-walled carbon nanotubes* (MWCNT)). Einzelne SWCNT

können elektrische Ströme bis 1×10^9 A cm^{-2} zerstörungsfrei standhalten [105]. Ihr spezifischer Widerstand beträgt dabei nur 1×10^{-4} Ω cm^{-1} [95]. Deshalb werden CNT beispielsweise in leitfähigen Lacken für Flugzeuge erprobt. Weitere Anwendungen sind Kabel, durchsichtige leitfähige Beschichtungen für Touchdisplays und als Elektroden bei Solarzellen oder Li-Ionen Batterien [17].

Der Aufbau der CNT unterscheidet sich im Detail durch ihre Chiralität, die später noch eingehend erläutert wird (vgl. Kapitel 2.2). Sie bestimmt die elektrischen Eigenschaften der CNT, die metallisch, halbmetallisch oder halbleitend sein können. So kommen metallische Kohlenstoffnanoröhren - *metallic* SWCNT (mSWCNT) für Anwendungen in Frage, bei denen viel Strom transportiert werden soll. Für einen Feldeffekttransistor (FET) hingegen können halbleitende Kohlenstoffnanoröhren - *semiconducting* SWCNT (scSWCNT) genutzt werden. Druckbare und biegsame FET und Solarzellen lassen sich aus Netzwerken von scSWCNT herstellen [17].

Besondere Aufmerksamkeit gebührt den SWCNT in der Halbleiterindustrie als Nachfolgematerial für Silizium, welches aufgrund der immer kleiner werdenden lateralen Abmessungen, mittelfristig durch eine neue Technologie abgelöst werden muss. Dass Kohlenstoffnanoröhren dafür ein sehr potenter Kandidat sind, wurde in den letzten Jahren gezeigt. Es konnte für einen Kohlenstoffnanoröhren-Feldeffekttransistor (SWCNT-FET) mit nur 10 nm Kanallänge gezeigt werden, dass das vierfache der auf den Durchmesser normalisierten Stromdichte im Vergleich zu Silizium erreicht werden kann. Dabei können niedrige Spannungen von 0.5 V genutzt werden. Darüber hinaus weisen die SWCNT-FET extrem kleine *subthreshold slopes* mit 0.94 mV pro Dekade auf [24]. Auch Ansätze zur skalierten Fertigung auf Waverniveau wurden gezeigt [72].

Die bekannten CNT-Herstellungsverfahren liefern stets ein Gemisch von halbleitenden und metallischen SWCNT. Anwendungen setzen jedoch in der Regel SWCNT mit bestimmten Eigenschaften voraus. Eine Möglichkeit dieses Problem zu lösen, besteht in der Sortierung der SWCNT nach ihrer Herstellung und Dispergierung. Dafür wird eine Vielzahl von Methoden vorgestellt (siehe Kapitel 2.5). Eine sehr genaue Sortierung wird durch Dichtegradientenzentrifugation erreicht [1]. Aufgrund der preisintensiven Gradientenmedien und hohen Gerätekosten ist diese Methode allerdings nicht wirtschaftlich. Gel-Chromatographie hat sich in den letzten Jahren als skalierbare und kostengünstigere Alternative erwiesen [61]. Eine Ein-Schritt-Variante dieser Methoden wird in der vorliegenden Arbeit genutzt und weiterentwickelt (siehe Kapitel 4.2.1 und 4.2.2).

Zur Charakterisierung der Sortierung werden meist optische Verfahren verwendet. Häufig kommt Raman-Spektroskopie zum Einsatz oder es wird mittels Photolumineszenz die Qualität der Sortierung untersucht. Die Charakterisierung mittels UV/VIS-Spektroskopie dient in den meisten Veröffentlichungen der qualitativen Diskussion. In der vorliegenden Arbeit wird eine neue, sehr effiziente Methode entwickelt, die aus UV/VIS-Spektren detaillierte quantitative Ergebnisse generieren kann. Dadurch wird ein wichtiger Beitrag zur routinierten Charakterisierung von sortierten Dispersionen geleistet (siehe Kapitel 4.1). Am Beispiel von mittels Gel-Chromatographie sortierten SWCNT werden Änderungen der Zusammensetzung der Dispersionen bezüglich halbleitendem und metallischem Anteil bis hinzu Änderungen der Anteile einzelner Chiralitäten in der Arbeit detailliert aufgeschlüsselt.

Die Nutzung der Gel-Chromatographie, um Dispersionen mit erhöhtem halbleitenden Anteil zu erhalten, stellt eine wesentliche Vereinfachung der Probenpräparation gegenüber Dichtegradientenzentrifugation dar.

In der Arbeit werden aus den sortierten Proben FET durch dielektrophoretische Abscheidung assembliert. Diese SWCNT-FET zeigen direkt nach der Assemblierung ein Schaltverhältnis von einer Größenordnung, sodass auf ein Durchbrennen metallischer Verbindungen verzichtet werden kann, wie es bei unsortierten Proben nötig ist [91].

Solche FET-Strukturen sind äußerst gut geeignet, um sie als Sensoren für biologische Komponenten zu nutzen. Im Rahmen der vorliegenden Arbeit wird eine Sensorplattform basierend auf SWCNT-FET speziell für krümmungssensitive Proteine entwickelt. Dies geschieht im Wesentlichen aus zwei Gründen. Zum einen zielt der Großteil der verkauften Medikamente auf in Biomembranen verankerte Proteine ab, weshalb deren Untersuchung von besonderem Interesse ist [70, 75]. Zum anderen gibt es neue Erkenntnisse, welche die Krümmung von Membranen als Ordnungsprinzip identifiziert haben. So wurde gezeigt, dass Krümmung durch Proteine detektiert und/oder induziert werden kann [21, 37].

In der vorliegenden Arbeit werden dielektrophoretisch CNT als Template abgeschieden, um Krümmung in Membranen zu erzeugen. Die Qualität der Membranen wird mit Hilfe von Fluoreszenzregeneration nach Photobleichung - *fluorescent recovery after photobleaching* (FRAP) untersucht. Teil der Arbeit ist dabei eine Verallgemeinerung der FRAP-Auswertung auf nicht radialsymmetrische Geometrien. Dadurch kann die Mobilität der Lipide, welche die Membran bilden, auch in den Bereichen gekrümmter Membranen untersucht werden (siehe Kapitel 4.4).

Im Anschluss ist es möglich, fluoreszente Moleküle und Proteine gezielt im Bereich der Krümmung der CNT anzulagern. Diese Anlagerung wird als Übergang von einer flächigen Funktionalisierung von SWCNT-Biosensoren hin zu einer 1-dimensionalen Funktionalisierung verstanden, die der Geometrie der SWCNT folgt. Die Mobilität der so angelagerten Proteine wird ebenfalls durch Bleichung untersucht. In diesem Fall kommt es zu keiner Regeneration der Fluoreszenz durch das Eindiffundieren ungebleichter Proteine, was durch die speziellen Eigenschaften der 1-dimensionalen Anlagerung der Proteine erklärt wird.

Zukünftig soll durch die genauere Platzierung der Proteine in der unmittelbaren Nähe der CNT zum einen eine Verbesserung der Nachweisgrenzen von Analyten ermöglicht werden. Zum anderen soll eine Sensorplattform zu Verfügung gestellt werden, um Ladungszustände von krümmungssensitiven Proteinen zu untersuchen und deren Interaktion mit anderen Molekülen zu studieren.

2 Grundlagen

2.1 Synthese von Kohlenstoffnanoröhren

Für das Verständnis der folgenden Kapitel ist es hilfreich, die Syntheseverfahren für die Herstellung von CNT zu erläutern. Zum einen soll so ein Überblick gegeben werden, welche Methode zu welchem Zweck geeignet ist. Zum anderen können so die Unterschiede der mikroskopischen Zusammensetzung der Dispersionen verstanden werden, wie sie im Kapitel 4.1 diskutiert werden.

Kohlenstoffnanoröhren werden durch Verfahren der Gasphasenabscheidung hergestellt. Es gibt Verfahren für die physikalische Gasphasenabscheidung - *physical vapour deposition* (PVD) von CNT, wie das Lichtbogen-Gasentladungsverfahren - *arc discharge* oder die gepulste Laserverdampfung - *pulsed laser vaporization* (PLV). Auch die chemische Gasphasenabscheidung - *chemical vapour deposition* (CVD) wird für die CNT-Synthese verwendet. Beispiele sind das Co-Mo-*catalytic* (CoMoCAT)- und das *high pressure carbon monoxid* (HiPCO)-Verfahren.

Bereits in den 1970er Jahren gab es Untersuchungen an fadenförmigen Kohlenstoffstrukturen. Auf hochauflösenden transmissionselektronenmikroskopischen Aufnahmen von Kohlenstofffasern befanden sich Objekte, die heute als CNT bezeichnet werden [65]. Die Arbeit fand allerdings wenig Beachtung. Dann, Anfang der 1990er Jahre entstand aus dem allgemeinen Interesse für Fullerene die Idee, quasi längliche Fullerene zu synthetisieren. Iijima produzierte dabei als erster 1991 MWCNT in einem *arc discharge*-Verfahren [35]. Durch Zugabe von Eisen in die Graphitelektroden und mit einer Methan-Argon-Atmosphäre konnte er 1993 SWCNT herstellen [36]. Mit CVD-Verfahren wurden 1993 erstmals MWCNT hergestellt [22]. Seit 1998 kann man größere Mengen von SWCNT auf diese Weise herstel-

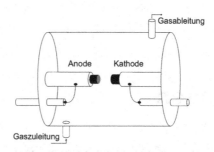

Abbildung 2.1: Die Skizze zeigt den schematischen Aufbau einer *arc discharge*-Anlage [89].

len [30]. Der HiPCO-Prozess ist seit 1999 bekannt und zeichnet sich durch SWCNT mit besonders kleinen Durchmessern aus [63].

Herstellungsverfahren für Kohlenstoffnanoröhren unterscheiden sich zunächst nach dem Röhrentyp: MWCNT oder SWCNT. Die Verfahren unterscheiden sich zudem in dem Anteil an Katalysatorpartikeln im Produkt, im Durchsatz bzw. ihrer Skalierbarkeit, dem Energieaufwand, der Durchmesserverteilung, der Selektivität für bestimmte Chiralitäten und der Art und Weise wie das Produkt am Ende vorliegt (als loses Pulver, als *nanotube forest* oder ausgerichtet auf einem Substrat). Nachfolgend sollen einige Verfahren im Detail vorgestellt werden.

Die Abbildung 2.1 zeigt schematisch einen Apparat zur *arc discharge*-Synthese von CNT. Bei dem *arc discharge*-Verfahren wird zwischen Graphitelektroden mit einem Abstand von 1 nm bis 2 nm und einem Durchmesser von 10 mm unter Schutzgasatmosphäre (Helium oder Argon) ein Lichbogen gezündet, bei dem bei 20 V Ströme um 200 A fließen [36]. Die Kohlenstoffnanoröhren wachsen im Plasma zwischen den Elektroden, wobei die Graphitelektroden als Kohlenstoffquelle dienen. Zur Herstellung von SWCNT fügt man den Graphitelektroden verschiedene Metalle zu, zum Beispiel Fe, Co, Gd, Co-Pt, Co-Ru, Co, Ni-Y, Rh-Pt und Co-Ni-Fe-Ce [94]. Mit dieser Methode werden Ausbeuten von mehr als 90 % SWCNT erreicht. Typisch sind durchschnittliche Durchmesser um 1.4 nm [44]. Durch die Verwendung der unterschiedlichen Metalle und Legierungen wird versucht, Einfluss auf die Durchmesserverteilung zu gewinnen. Allerdings ist die Än-

Abbildung 2.2: Die Skizze zeigt den schematischen Aufbau einer CVD-Anlage [89].

derung der Prozessbedingungen im Lichtbogen (z.b. Temperatur) schwierig. Deshalb zeigt das *arc discharge*-Verfahren nur bedingt Möglichkeiten für selektives Wachstum bezüglich Durchmesser und Chiralität. Die Größe der Katalysatorpartikel ist nach unten limitiert, durch die Notwendigkeit sie in die Graphitelektroden zu integrieren.

Wie im Kapitel 4.1 gezeigt werden wird, weisen die SWCNT aus dem *arc discharge*-Verfahren, durch die etwas größeren und breiter verteilten Durchmesser eine sehr große Fülle unterschiedlicher Chiralitäten auf.

Bei einer weiteren Herstellungmethode, der gepulsten Laser-Verdampfung (PLV), wird mit einem Laser in Pulsen ein Graphittarget in einem Ofen beschossen [29]. Der mit Argon gefüllte Ofen wird dabei bei 1.200 °C gehalten. Das CNT-Material wird durch einen Gasstrom zu einem gekühlten Kupfer-Kollektor transportiert. Den Graphittargets müssen Katalysatoren beigemengt werden (z.b. Co/Ni), um SWCNT herzustellen [95]. Ähnlich wie die *arc discharge*-SWCNT besitzen PLV-SWCNT typischerweise Durchmesser von 1.2 nm bis 1.4 nm [50].

Abbildung 2.2 zeigt den prinzipiellen Aufbau einer CVD-Anlage. Bei den CVD-Verfahren wird zur Herstellung von CNT ein kohlenstoffhaltiges Gas katalytisch gespalten. Zum ersten Mal wurden 1993 bei Verwendung eines Wasserstoff-Benzol-Gemischs MWCNT auf einem Graphitblock bei 1.000 °C synthetisiert [22]. Die Herstellung von SWCNT gelang bei 850 °C auf Metallnanopartikeln (Mo oder Fe/Mo) die sich wiederum auf 10 nm bis 20 nm großen Aluminiumpartikeln befanden [30].

CVD-Verfahren bieten die Möglichkeit, die Katalysatorzusammensetzung und Größe, die Kohlenstoffquelle (C_2H_2, C_2H_4, C_6H_6, ...) und die Temperatur zu wählen. Es können auch Substrate genutzt werden, auf denen der Katalysator immobilisiert ist [89]. Schon 1998 konnten so vergleichswei-

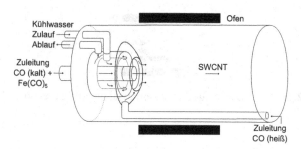

Abbildung 2.3: Die Skizze zeigt den schematischen Aufbau einer HiPCO-
Anlage [63].

se monodisperse SWCNT mit Durchmessern von 0.8 nm bis 0.9 nm hergestellt werden [30]. Durch Wechselwirkungen mit dem Substrat können
horizontal ausgerichtete SWCNT auf *stable temperature cut*-Quartz wachsen [108]. Senkrechte Ausrichtungen zu *nanoforests* sind ebenso möglich
[88].

Mit einem speziellem Co/Mo-Katalysator kann in einem CoMoCAT ge-
nannten Verfahren ein sehr selektives Wachstum erreicht werden. Wie im
Kapitel 4.1 gezeigt werden wird, zeichnen sich CoMoCAT-SWCNT durch
ihre schmale Durchmesserverteilung und kleine Durchmesser aus. Im speziellen Fall sind 50 % der SWCNT vom Typ (6,5) oder (7,5) (vgl. Kapitel
4.1.3) [5].

Ein HiPCO-Apparat ist schematisch in der Abbildung 2.3 gezeigt. Das
HiPCO-Verfahren wurde von Richard E. Smalleys Gruppe entwickelt [63].
Bei dieser Syntheseart wird Kohlenmonoxid als Kohlenstoffquelle kontinu-
ierlich in eine Kammer geströmt und es entsteht elementarer Kohlenstoff:
$2\,CO \rightleftharpoons C + CO_2$. Der Katalysator entsteht erst in der Kammer aus der
Abspaltung und anschließenden Nukleation des Eisens aus der Verbindung
$Fe(CO)_5$. Dadurch können SWCNT auf den Nukleationskeimen wachsen,
sobald diese die Mindestgröße für stabile SWCNT von 0.7 nm erreicht haben [85]. HiPCO-SWCNT zeichnen sich deshalb durch sehr kleine Durchmesser um 0.93 nm mit einer schmalen Verteilung von 0.6 nm bis 1.3 nm
aus [4]. Die Ausbeute kann bei diesem Verfahren bis zu 97 mol% SWCNT
erreichen. Bereits 2001 konnten so $450\,mg\,h^{-1}$ hergestellt werden [10].

Neue Ansätze zur Herstellung von SWCNT haben unter anderem zum Ziel, SWCNT selektiv mit nur einer Chiralität wachsen zu lassen. Mögliche Methoden basieren beispielsweise auf Templaten für das Wachstum. Dazu wurden Kohlenstoffkappen aus vorbehandelten Fullerenen in einem CVD-Verfahren verwendet [34, 107]. Ein anderer Ansatz benutzt als Templat Paracyclophane [67]. Dabei handelt es sich um Ringe aus Benzolringen, die gleichbedeutend mit einem ein- bis zwei Atome dicken Ausschnitt aus einer Kohlenstoffnanoröhre sind. Ein schnelles Verfahren ohne die Notwendigkeit einer Schutzatmosphäre nutzt die Pyrolyse von Ferrocen durch Mikrowelleneinstrahlung auf eine Kohlenstofffaser [62].

2.2 Strukturelle Eigenschaften von CNT

Nachfolgend sollen die strukturellen Eigenschaften von SWCNT ausgehend von Graphen erläutert werden. Dazu wird eine Reihe von Formeln eingeführt, so wie es Mildred Dresselhaus in ihrer Arbeit 2005 getan hat [19].

Als Graphen wird eine einzelne Lage des bekannteren Graphit bezeichnet. Im Graphen bildet sp^2-hybridisierter Kohlenstoff eine hexagonale Struktur. Jedes C-Atom hat dabei drei Bindungspartner in einer Ebene im Abstand $a_{cc} = 0.142 \, \text{nm}$ und in Winkeln von 120°. Senkrecht zu dieser Ebene sitzt das vierte Valenzelektron in einem π-Orbital.

SWCNT können konstruiert werden, indem ein Ausschnitt einer Graphenlage so aufgerollt wird, dass die periodischen Eigenschaften erhalten bleiben. Das ist gewährleistet, wenn entlang des Umfanges der SWCNT ein Vektor existiert, der als Linearkombination von Graphengittervektoren äquivalente Punkte im Gitter verbindet. Deshalb wird der Chiralitätsvektor $\vec{C}_h$ wie folgt eingeführt (siehe Abbildung 2.4) [20]:

$$\vec{C}_h = n \cdot \vec{a_1} + m \cdot \vec{a_2}. \tag{2.2.1}$$

$\vec{a_1}$ und $\vec{a_2}$ sind die Basisvektoren des Graphengitters. Um SWCNT eindeutig zu unterscheiden, genügt somit die Angabe der ganzzahligen chiralen Indizes n und m, da dadurch die Struktur der SWCNT vollständig festgelegt ist. Als Konvention wird $n \leq m$ vereinbart. Somit liegen die Chiralitätsvektoren zwischen $(n,0)$ und (n,n). Der Winkel zwischen dem Vek-

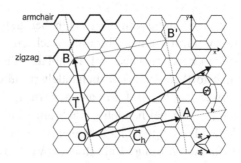

Abbildung 2.4: Die Linearkombination der Einheitsvektoren $\vec{a}_1$ und $\vec{a}_2$ ergibt den Chiralitätsvektor $\vec{C}_h$, hier dargestellt für ein (4,2)-SWCNT. Der Winkel zwischen dem Vektor $(n,0)$ (*zigzag*-Linie) und dem Chiralitätsvektor wird Chiralitätswinkel Θ genannt. Das Rechteck OBB'A ist die Einheitszelle des SWCNT. Der Vektor $\vec{T}$ verläuft im SWCNT parallel zur Längsachse und gibt die Periodizität in dieser Richtung an [19].

tor mit $(n,0)$ und dem Chiralitätsvektor wird Chiralitätswinkel Θ genannt. SWCNT mit $\Theta = 0°$ werden als *zigzag*-SWCNT bezeichnet, wegen dem Verlauf der C-C-Bindungen entlang des Umfangs. Im anderen Extremfall mit $\Theta = 30°$, also $n = m$, handelt es sich um *armchair*-SWCNT. Alle SWCNT mit $0° < \Theta < 30°$ heißen *chiral*. Ohne die Konvention $n \leq m$ sind auch linkshändige SWCNT möglich mit $30° < \Theta < 60°$. In Abbildung 2.4 zeigt das Rechteck OBB'A die Einheitszelle eines (4,2)-SWCNT.

Die Einheitszelle von Graphen im Realraum (gestrichelter Rhombus) und die erste Brillouin-Zone von Graphen im reziproken Raum (graues Hexagon) sind in Abbildung 2.5(a) dargestellt. Die Vektoren $\vec{a}_i$ und $\vec{b}_i$ mit $i = 1, 2$ kennzeichnen die Basisvektoren im Real- bzw. im reziproken Raum. Γ, K und M bezeichnen die Punkte höchster Symmetrie. Dabei ist $\vec{a}_1 = (\sqrt{3}a/2, a/2)$ und $\vec{a}_2 = (\sqrt{3}a/2, -a/2)$. Die Länge der Basisvektoren ergibt sich aus der C-C-Bindungslänge zu $a = |\vec{a}_1| = |\vec{a}_2| = \sqrt{3} \cdot 0.142\,\text{nm} = 0.246\,\text{nm}$. Mit den üblichen Rechenregeln ergibt sich für die reziproken Gittervektoren $\vec{b}_1 = (2\pi/\sqrt{3}a, 2\pi/a)$ und analog $\vec{b}_2 = (2\pi/\sqrt{3}a, -2\pi/a)$ mit der Gitterkonstanten des reziproken Gitters von $4\pi/\sqrt{3}a$.

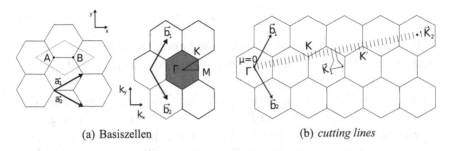

(a) Basiszellen　　　　　　　　　(b) *cutting lines*

Abbildung 2.5: In Abbildung (a) ist links die Basiszelle des Graphens im Realraum dargestellt. Die durch A und B markierten Atome befinden
sich nicht an identischen Gitterpunkten, weshalb die Basiszelle
zwei Atome beinhaltet. Im rechten Teil der Abbildung (a) ist die
Basiszelle des Graphens im reziproken Raum dargestellt. Die
Punkte Γ, K und M sind Punkte hoher Symmetrie. Zu beachten
ist, dass das reziproke Gitter gegenüber dem Realraum um 30°
gedreht ist. Die Abbildung (b) zeigt, wie mit Hilfe der Vektoren
$\vec{K}_1$ und $\vec{K}_2$ die *cutting lines* konstruiert werden können [19].

Um die Einheitszelle von eindimensionalen SWCNT zu definieren, wird
die kürzeste Wiederholungslänge entlang der SWCNT-Achse, der Translationsvektor $\vec{T}$, benötigt (siehe Abbildung 2.4).

$$\vec{T} = t_1\vec{a}_1 + t_2\vec{a}_2 \equiv (t_1, t_2), \qquad (2.2.2)$$

t_1 und t_2 sind mit n und m verknüpft über

$$t_1 = (2m + n)/d_R, \qquad t_2 = -(2n + m)/d_R, \qquad (2.2.3)$$

d ist der größte gemeinsame Teiler von n und m und d_R ist der größte
gemeinsame Teiler von $2n + m$ und $2m + n$. Es gilt:

$$d_R = \begin{cases} d, & \text{wenn } n - m \text{ kein Vielfaches von 3d,} \\ 3d, & \text{wenn } n - m \text{ Vielfaches von 3d.} \end{cases} \qquad (2.2.4)$$

Die Einheitszelle des SWCNT ist dann definiert durch die von $\vec{T}$ und $\vec{C}$
aufgespannte Fläche. Die Anzahl der Hexagone N in der Einheitszelle der
SWCNT lassen sich aus (n,m) berechnen:

$$N = 2(m^2 + n^2 + nm)/d_R. \tag{2.2.5}$$

Das Hinzufügen eines Hexagons in Abbildung 2.4 entspricht der Ergänzung um zwei Kohlenstoffatome. Zum Beispiel besitzt die Einheitszelle eines (4,2)-SWCNT 28 Hexagone.

Die zu dem Chiralitätsvektor und dem Translationsvektor korrespondierenden Vektoren im reziproken Raum sind $\vec{K}_1$ entlang des Umfangs und $\vec{K}_2$ entlang der SWCNT-Achse. Da die Einheitszelle von SWCNT im Realraum viel größer ist als die von Graphen, ist die Brillouin-Zone viel kleiner als bei Graphen. Wegen der starken Verwandschaft des Graphengitters mit dem SWCNT-Gitter lassen sich die Dispersionsrelationen für Elektronen $E(k)$ und Phononen $\omega(q)$ durch Faltung der Brillouin-Zone abschätzen. Für sehr kleine Radien d_t führt das allerdings zu Abweichungen.

Mit der Laue-Bedingung $\vec{R}_i \cdot \vec{K}_j = 2\pi\delta_{ij}$ für die Gittervektoren $\vec{R}_i$ im Realraum und $\vec{K}_j$ im reziproken Raum können mit Hilfe der Gleichungen 2.2.2 und 2.2.3 die möglichen Wellenvektoren wie folgt berechnet werden:

$$\vec{K}_1 = \frac{1}{N}(-t_2\vec{b}_1 + t_1\vec{b}_2), \qquad \vec{K}_2 = \frac{1}{N}(m\vec{b}_1 - n\vec{b}_2). \tag{2.2.6}$$

Wenn SWCNT als quasi unendlich lang betrachtet werden, können parallel zum Translationsvektor $\vec{T}$ kontinuierliche Wellen angesetzt werden. Im Gegensatz dazu gibt es durch das Aufrollen des Graphens entlang des Chiralitätsvektors $\vec{C}_h$ periodische Randbedingungen. Für einen Zustand mit dem reziproken Gittervektor $\vec{k}$ muss deshalb gelten:

$$\vec{k} \cdot \vec{C}_h = \mu\vec{K}_1 \cdot \vec{C}_h = \mu \cdot 2\pi \quad \text{mit} \quad 0 \le \mu \le N - 1 \quad \text{und } \mu \in \mathbb{Z}. \tag{2.2.7}$$

Die diskreten Werte μ erzeugen eine Schar von *cutting lines* [81] bzw. Unterbändern. Dabei ist die N-te Linie äquivalent zur nullten Linie, weshalb nur die ersten N betrachtet werden. Jedes μ erzeugt so ein σ- und ein σ^*-Band.

Nur wenn die *cutting lines* K-Punkte einschließen, ergeben sich metallische SWCNT. Das trifft auf alle *armchair*-SWCNT zu, also SWCNT mit

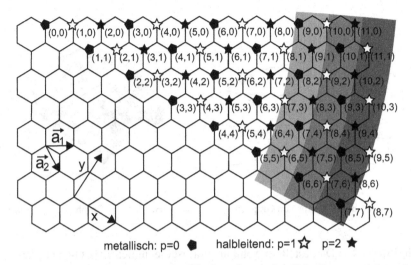

metallisch: p=0 ● halbleitend: p=1 ☆ p=2 ★

Abbildung 2.6: Die Abbildung zeigt die Zuordnung der Chiralität zur elektronischen Struktur und der Zugehörigkeit zu einer Familie p (siehe Kapitel 2.3.2). Die Zuordnung illustriert auch das Zustandekommen des Verhältnisses von einem Drittel metallischen zu zwei Dritteln halbleitenden SWCNT [81]. Grau hinterlegt sind Linien mit Durchmessern von 0.7 nm...0.8 nm (links), 0.8 nm...0.9 nm (mitte) und ab 0.9 nm (rechts).

(n,n). Bei ihnen liegt die *zigzag*-Linie parallel zum Translationsvektor und entlang dieser Linie kann Strom fließen. Daran ändert sich auch durch die Quantisierung oder die Krümmung zum SWCNT nichts. Die Röhren mit $n - m = 3j$, wobei j eine ganze Zahl ist, haben sehr kleine Bandlücken. Die K-Punkte werden durch die *cutting lines* fast berührt, jedoch ist die *zigzag*-Linie nicht parallel zur SWCNT-Achse. Die Bandlücke ist dabei so klein, dass sich diese SWCNT bei Raumtemperatur wie Metalle verhalten. Alle anderen SWCNT besitzen große Bandlücken und sind somit Halbleiter. Aus rein geometrischen Überlegungen folgt, dass zwei Drittel der SWCNT halbleitend und ein Drittel metallisch sind (siehe Abbildung 2.6).

Neben dieser geometrischen Herleitung hilft es, sich die Verhältnisse im Graphen zu verdeutlichen, um den Ursprung typischer Absorptionsbanden für SWCNT zu verstehen. Innerhalb des Graphens gibt es starke kovalente

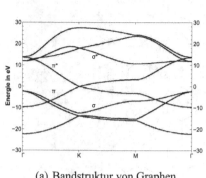

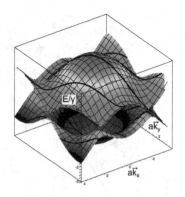

(a) Bandstruktur von Graphen.　　(b) π-Bänder von Graphen und *cutting lines*.

Abbildung 2.7: Dargestellt in Abbildung (a) ist die, mittels LCAO-OO berechnete Bandstruktur von Graphen entlang der Linien hoher Symmetrie [15]. Die π-Bänder berühren sich genau bei $E = 0$, der Fermi-Energie. In der Abbildung (b) ist farbig die Energie der π-Bänder dargestellt. Diese wurden mit Maple nach [80] berechnet. Als schwarze Linien sind die *cutting lines* eines metallischen (3,0)-SWCNT dargestellt.

σ-Bindungen. Senkrecht zur Ebene liegen die π-Orbitale. Diese sind zum Beispiel für die schwache Van-der-Waals-Bindung zwischen den 2D-Graphenlagen im 3D-Graphit verantwortlich.

Im Gegensatz zu den σ-Bändern liegen im Graphen die π-Bänder in der Nähe der Fermi-Energie (siehe Abbildung 2.7(a)). Elektronen können deshalb optisch vom π-Valenzband in das π^*-Leitungsband angeregt werden. An den K-Punkten berühren sich die Bänder bei der Fermi-Energie, damit ist Graphen ein Halbmetall [79].

Abbildung 2.7(b) veranschaulicht wie durch den Schnitt mit den *cutting lines* aus dem dreidimensionalen Plot der π-Bänder von Graphen die Dispersionsrelationen von SWCNT folgen.

2.3 Optische Eigenschaften von CNT

2.3.1 Zustandsdichte, Singularitäten und Kataura Plot

Für das Verständnis der optischen Absorption durch CNT ist die elektronische Zustandsdichte - *electronic density of states* (DOS) $n(E)$ von Bedeutung. Sie gibt an, wie viele elektronische Zustände bei einer bestimmten Energie besetzt werden können. Die DOS hängt stark von der Dimensionalität des betrachteten Stoffes ab. Werden parabolische Bänder vorrausgesetzt, ergibt sich für 3D-Objekte eine Abhängigkeit proportional zu $\sqrt{E}$. Für zwei Dimensionen ergibt sich eine Stufenfunktion, für eindimensionale Strukturen divergiert die DOS wie $1/\sqrt{E}$. Für Quantenpunkte gilt die δ-Funktion.

Bänder in der Nähe von ihrem Maximum oder Minimum können parabolisch genähert werden. Die Erwartungshaltung für CNT wäre also die oben erwähnte Abhängigkeit $1/\sqrt{E}$. Graphen ist jedoch an den K-Punkten besser linear genähert.

Die folgende Berechnung entspricht den Ausführungen von J. W. Mintmire und C. T. White [59]. Damit soll der mathematische Weg hin zu den Absorptionsbanden von SWCNT gezeigt werden. Eine genaue Charakterisierung von SWCNT-Dispersionen mittels UV/VIS-Spektroskopie wird so durch die Kenntnis der Absorptionsenergien möglich (siehe Kapitel 2.3.2).

Allgemein gilt für ein einzelnes, zweifach entartetes Band:

$$n(E) = \partial N(E)/\partial E = \frac{2}{l} \sum_i \int dk \; \delta(k - k_i) \left| \frac{\partial \epsilon(k)}{\partial k} \right|^{-1}. \qquad (2.3.1)$$

k_i sind dabei die Wurzeln der Gleichung $E - \epsilon(k) = 0$. Die Länge der Brillouin-Zone ist $l = \int dk$. Die Gesamtzahl der elektronischen Zustände, die unterhalb einer bestimmten Energie E liegen, ist mit $N(E)$ bezeichnet.

Da die Fläche der Brillouin-Zone mit $8\pi^2/(a^2\sqrt{3})$ genauso groß ist wie die Länge aller *cutting lines* multipliziert mit dem Abstand $2\pi/\left|\vec{C_h}\right|$ zwischen den *cutting lines*, folgt für l:

$$l = \frac{4\pi}{\sqrt{3}} \frac{\left|\vec{C_h}\right|}{a^2}. \qquad (2.3.2)$$

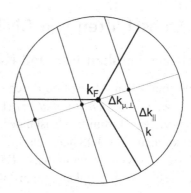

Abbildung 2.8: Skizziert ist die Zerlegung eines Vektors $\vec{k} - \vec{k}_F$ in eine senkrechte und eine zu den *cutting lines* parallele Komponente. Dadurch kann der senkrechte Abstand zum Fermi-Vektor $\left|\vec{k}_F\right|$ bestimmt werden. Das ist hilfreich, um die Bandstruktur von CNT zu berechnen [79].

Die DOS nahe der Fermi-Energie E_F hängt direkt mit den Zuständen in der Nähe der K-Punkte zusammen. Dort kann das π-Band linear durch die Mintmire und White-Approximation genähert werden und es ergibt sich mit der Wechselwirkung nächster Nachbarn $V_{pp\pi}$:

$$|\epsilon(k)| \approx (\sqrt{3}/2)a \left|V_{pp\pi}\right| \left|\vec{k} - \vec{k}_F\right|. \qquad (2.3.3)$$

Diese Näherung erzeugt radialsymmetrische Dispersionsrelationen um den Zustand $\vec{k}_F$, der bei der Fermi-Energie liegt. Abbildung 2.7(a) zeigt, dass diese Zustände zugleich an den K-Punkten liegen. Deshalb ergibt sich $\vec{k}_F = \pm(\vec{K}_1 - \vec{K}_2)/3, \pm(2\vec{K}_1 + \vec{K}_2)/3$ und $\pm(\vec{K}_1 + 2\vec{K}_2)/3$. Der Punkt einer *cutting line*, der am nächsten an $\vec{k}_F$ liegt, ist ein Minimum bzw. Maximum in der Energie und erzeugt eine Van-Hove-Singularität in der DOS. Die Abbildung 2.8 skizziert den Abstand zwischen $\vec{k}_F$ und einem erlaubten Zustand $\vec{k}$, der die Quantisierung (Gleichung 2.2.7) erfüllt. Es folgt:

$$\left|\vec{k} - \vec{k}_F\right|^2 = \Delta k_{\perp,\mu}^2 + \Delta k_{\parallel}^2. \qquad (2.3.4)$$

Damit ist $\vec{k} - \vec{k}_F$ in eine senkrechte und eine parallele Komponente zerlegt. Es gilt:

$$\Delta k_{\perp,\mu} = \left| (\vec{k} - \vec{k}_F) \cdot \frac{\vec{C}_h}{|\vec{C}_h|} \right| = \frac{2\pi}{3 |\vec{C}_h|} |3\mu - n + m|. \qquad (2.3.5)$$

Der Beitrag zur DOS durch den Zustand $\vec{k}$ kann mit Hilfe von Gleichung 2.3.1 berechnet werden. Dazu wird die partielle Ableitung der Energie $\epsilon(k)$ entlang der parallelen Komponente benötigt:

$$\left| \frac{\partial \epsilon}{\partial k_{\|}} \right|^{-1} = \frac{2}{\sqrt{3} |V_{pp\pi}| a} \frac{|\epsilon|}{\sqrt{\epsilon^2 - \epsilon_\mu^2}}. \qquad (2.3.6)$$

Nach den Gleichungen 2.3.3 und 2.3.5 ergibt sich:

$$|\epsilon_\mu| = \frac{\sqrt{3}}{2} |V_{pp\pi}| a \Delta k_{\perp,\mu} = \frac{|3\mu - n + m|}{2} |V_{pp\pi}| \frac{a_{cc}}{r}. \qquad (2.3.7)$$

Dabei ist $a_{cc} = 0.142\,\text{nm}$ die Kohlenstoff-Bindungslänge und der CNT-Radius $r = |\vec{C}_h| / 2\pi$. Der Index μ nummeriert weiterhin die *cutting lines*. $|\epsilon_\mu|$ ist die Energie der μ-ten *cutting line* in ihrem Minimum bzw. Maximum. Jede Linie in der Nähe von $\vec{k}_F$ hat immer zwei Punkte, die zur Energie $\epsilon(k)$ gehören. Ein ebenso großer Beitrag entsteht durch die Berücksichtigung von $-\vec{k}_F$. Insgesamt ist die DOS deshalb:

$$\rho(E) = \frac{n(E)}{2} = \frac{4}{l} \sum_{\mu=-\infty}^{\mu=\infty} \frac{2}{\sqrt{3} |V_{pp\pi}| a} g(E, \epsilon_\mu)$$

$$= \frac{\sqrt{3}}{\pi^2} \frac{1}{|V_{pp\pi}|} \frac{a_{cc}}{r} \sum_{\mu=-\infty}^{\mu=\infty} g(E, \epsilon_\mu) \qquad (2.3.8)$$

mit

$$g(E, \epsilon_\mu) = \begin{cases} |E| / \sqrt{E^2 - \epsilon_\mu^2}, & |E| > |\epsilon_\mu| \\ 0, & |E| < |\epsilon_\mu|. \end{cases} \qquad (2.3.9)$$

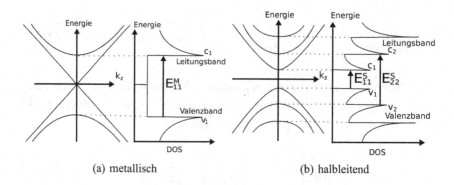

(a) metallisch   (b) halbleitend

Abbildung 2.9: Schematische Darstellung der Bandstruktur und der resultieren-
den DOS für (a) metallische und (b) halbleitende SWCNT. Mit
E_{ii}^j ist die Energiedifferenz von einem Leitungsbandminimum
zu einem Valenzbandmaximum bezeichnet. Dadurch, dass der
Anstieg des Bandes dort gegen Null geht, entstehen Van-Hove-
Singularitäten in der DOS.

Divergente Van-Hove-Singularitäten treten in $g(E,\epsilon_\mu)$ an den Stellen
$|E| = |\epsilon_\mu|$ mit $|\epsilon_\mu| \neq 0$ auf. Insbesondere ist aber $g(E,0) = 1$.

Der Fall $\epsilon_\mu = 0$ entspricht metallischen CNT, bei denen die Bänder die
Fermi-Energie schneiden. Im Gegensatz zum Graphen, bei dem durch die
Integration in zwei Dimensionen die DOS an der Fermi-Energie verschwindet, führt die gleiche Bandstruktur bei SWCNT zu einem endlichen Wert in
der DOS.

In dieser Näherung hängt die Bandstruktur der SWCNT nur vom Durchmesser mit $1/d$ ab. Für die unterschiedlichen Bänder berechnen sich die
Energien, an denen die Bänder einen Anstieg von Null haben durch:

$$|\epsilon_\mu| = i a_{cc} |V_{pp\pi}| / \sqrt{3}d \begin{cases} i = 3, 6, 9, \dots \text{ für metallisch} \\ i = 1, 2, 4, 5, 7, \dots \text{ für halbleitend.} \end{cases} \quad (2.3.10)$$

Die bisherige Darstellung ist eine einfache Näherung. Genauere Berechnungen und experimentelle Ergebnisse zeigen gerade in der Nähe der Fermi-Energie eine recht gute Übereinstimmung mit diesem einfachen Modell.

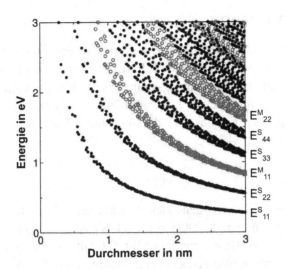

Abbildung 2.10: Der Kataura-Plot zeigt die Energiedifferenz zwischen den Valenz- und Leitungsbändern aufgetragen über dem SWCNT-Durchmesser [46, 56].

Für größere Energien kommt es jedoch zu teils erheblichen Abweichungen. Solche Berechnungen sind für das weitere Verständnis nicht erforderlich. Bei der Absorption von Photonen entstehen durch die hohen Zustandsdichten an den Van-Hove-Singularitäten sehr individuelle Absorptionsspektren. Dabei sind nur Übergänge $E_{11}^M, E_{22}^M, ..., E_{11}^S, E_{22}^S, ...$ (siehe Abbildung 2.9) möglich. Es empfiehlt sich, die Energien verschiedener SWCNT über dem Durchmesser in einem sogenannten Kataura-Plot darzustellen (siehe Abbildung 2.10). Die in der vorliegenden Arbeit verwendeten Werte für die Übergangsenergien entstammen den Arbeiten von K. Liu und M. Strano (siehe Tabellen im Anhang 1.1 und 1.2) [53, 87]. Weitere im Fall von *arc discharge*-SWCNT relevante Übergänge sind in der Tabelle im Anhang 1.3 zusammengestellt.

2.3.2 UV/VIS/NIR-Spektroskopie

Bei der UV/VIS/NIR-Spektroskopie wird die Absorption einer Probe vom ultravioletten Licht bis zum nahen Infrarot gemessen. Nach dem Lambert-Beerschen Gesetz hat der Eingangsstrahl mit der Intensität I_0, nachdem er die Probe der Konzentration C mit einer Länge l und einem Absorptionskoeffizienten ϵ passiert hat, nur noch die Intensität I. Das Spektrometer misst meist die Absorbanz A [41]:

$$A = log(\frac{I_0}{I}) = \epsilon C l. \qquad (2.3.11)$$

Wie am Ende des vorhergehenden Abschnittes diskutiert, führen die besonderen Eigenschaften der DOS von SWCNT zu auffälligen Absorptionsspektren. Wird eine Dispersion von SWCNT mit Licht durchstrahlt, wird die Absorption immer dann besonders groß sein, wenn die Energie des Lichtes gerade mit der Energie eines Überganges $E_{11}^M, E_{22}^M, ..., E_{11}^S, E_{22}^S, ..$ identisch ist. Jede einzelne Van-Hove-Singularität erzeugt in dem Spektrum eine Lorentz-Kurve. Der Kataura-Plot legt nahe, dass für eine mehr oder weniger scharfe Durchmesserverteilung in einer SWCNT-Dispersion typische Peaks in der Absorbanz registriert werden (siehe Abbildung 2.11). Die Spektren lassen sich in Bereiche mit charakteristischen Absorptionsbanden für halbleitende und metallische SWCNT unterteilen. In der Abbildung 2.11 ist das durch die Indizes M für metallisch und S für halbleitend kenntlich gemacht. Während bei kleinen Durchmessern die Absorptionsbanden gut getrennt sind, kommt es für breite Verteilungen des Durchmessers zu Überlagerungen der Banden.

Eine weitere Komponente der Absorption stellen π-Plasmonen dar. Sie entstehen durch die kollektive Anregung der Elektronen in den π-Bändern. Sie erzeugen einen additiven Term mit der Form einer sehr breiten Lorentz-Kurve. Das Absorptionsmaximum der π-Plasmonen liegt etwa bei $180\,\mathrm{nm}$ bis $275\,\mathrm{nm}$ (siehe Abbildung 2.11) [49]. Die durch π-Plasmonen hervorgerufene Absorption kann durch folgende Form einer Lorentz-Kurve gefittet werden:

$$L(E) = \frac{a}{1 + (\frac{E-b}{c})^2}. \qquad (2.3.12)$$

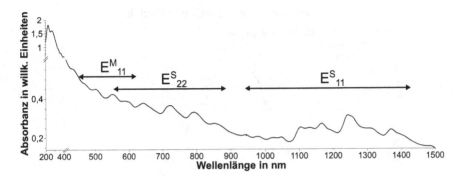

Abbildung 2.11: Typisches UV/VIS/NIR-Spektrum von SWCNT. Die hohe DOS bei Energien E_{ii}^{j}, sorgt in der Absorbanz für Peaks.

Dabei ist a die Amplitude des Peaks, b entspricht der Peakmitte und c ist die Breite des Peaks. E ist die Energie des eingestrahlten Lichtes.

Um aus Absorptionsspektren zu quantitativen Aussagen zu gelangen, gibt es zum einen die Möglichkeit über das Fitten von Absorptionsbanden die gesuchten Parameter zu bestimmen. In dieser Arbeit wurde eine andere Methode angewendet, die die Differenzen von Maxima und Minima in der Ableitung der Absorption nutzt [1]. Der Methode liegt eine Vereinfachung zu Grunde, nach welcher Lorentz-Peaks durch Gauß-Peaks genähert werden (siehe Abbildung 2.12).

Die Absorbanz A_λ lässt sich als Gauß-Peak schreiben:

$$A_\lambda = \frac{A}{w} \sqrt{\frac{2}{\pi}} \cdot \exp\left\{-2\left(\frac{\lambda - \lambda_i}{w}\right)^2\right\}. \qquad (2.3.13)$$

Dabei ist A die Fläche unter der Kurve, w die Breite des Gauß-Peaks und λ_i die Position des Peaks. Zur einfacheren Rechnung soll angenommen werden, dass der Peak sich bei $\lambda_i = 0$ befindet. Dies entspricht einfach einer Verschiebung der Kurve. Die Ableitung des Gauß-Peaks ist dann:

$$\frac{dA_\lambda}{d\lambda} = -\frac{2^2 A}{w^3} \sqrt{\frac{2}{\pi}} \lambda \cdot \exp\left\{-2\left(\frac{\lambda}{w}\right)^2\right\}. \qquad (2.3.14)$$

Für die zweite Ableitung folgt:

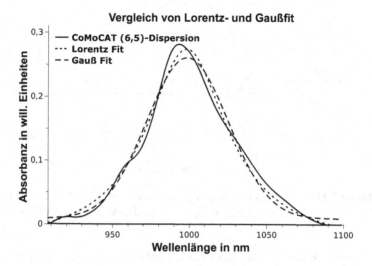

Abbildung 2.12: Vergleich von Lorentz- und Gauss-Fit anhand des (6,5) E_{11}^S-Peaks einer (6,5) CoMoCAT-Dispersion. Die beiden Fitfunktionen unterscheiden sich nicht wesentlich voneinander. Die Fläche unter den Fitkurven beträgt 18,36 (Lorentz)FKa bzw. 18,35 (Gauß). Der reale Wert ist 18,36.

$$\frac{d^2 A_\lambda}{d\lambda^2} = -\frac{2^4 A}{w^5}\sqrt{\frac{2}{\pi}}\left(\lambda - \frac{w^2}{4}\right)\cdot \exp\left\{-2\left(\frac{\lambda}{w}\right)^2\right\}. \qquad (2.3.15)$$

Durch die Bestimmung der Nullpunkte $\frac{d^2 A_\lambda}{d\lambda^2} = 0$ ergibt sich die Position der Maxima und Minima: $\lambda_{1,2} = \pm\frac{w}{2}$. Durch Einsetzen in die erste Ableitung berechnet sich die Differenz von Maximum und Minimum wie folgt:

$$\frac{dA_\lambda}{d\lambda_1} - \frac{dA_\lambda}{d\lambda_2} = \frac{2^2 A}{w^2}\sqrt{\frac{2}{\pi}}\cdot \exp\left\{-\frac{1}{2}\right\} = A\cdot const. \qquad (2.3.16)$$

Eine gleiche Breite der Absorptionspeaks angenommen, resultiert aus der Differenz von Maximum und Minimum der Ableitung um einen Peak herum ein Wert, der proportional zur Intensität des Absorptionspeaks ist. Durch

Division mit der theoretischen Intensität ergibt sich ein Wert der proportional zur Anzahl der SWCNT mit der entsprechenden Übergangsenergie ist.

Die Intensität der Absorption durch ein SWCNT bestimmter Chiralität ist abhängig von dem Matrixelement des Übergangs. Ein detaillierter theoretischer Zugang zu den Absorptionsintensitäten ist durch die Arbeit von Eike Verdenhalven gegeben worden [99]. Für die halbleitenden Absorptionsbanden zeigen die Intensitäten eine inverse Proportionalität zur Energie des Übergangs, weshalb die Übergänge E_{11}^S stärkere Intensität aufweisen als E_{22}^S.

Die Trennung halbleitender und metallischer SWCNT-Absorptionspeaks im Spektrum ist die Voraussetzung, um durch das Aufsummieren der Intensitäten in den entsprechenden Bereichen metallische und halbleitende Anteile ins Verhältnis setzen zu können. So lässt sich beispielsweise der Erfolg einer Sortierung nach elektrischen Eigenschaften der SWCNT beurteilen. Die Methode ist umso eindeutiger, je geringer die Anzahl der unterschiedlichen Chiralitäten in der Dispersion ist.

Familien von SWCNT werden durch $p = (n - m) \mod 3$ unterschieden. $p = 0$ charakterisiert metallische SWCNT und $p = 1$ oder $p = 2$ sogenannte Familien von halbleitenden SWCNT. Statt $p = 2$ gibt es in der Literatur auch die Bezeichnung -1 für die gleiche Familie. Indem eine weitere Konstante $\xi = 2n + m$ eingeführt wird, gehört zu jeder Zahl ξ eine Gruppe von SWCNT mit gleicher Familienzugehörigkeit, ähnlichen Durchmessern und sehr unterschiedlichen Chiralitätswinkeln. Diese Gruppen bilden im Kataura-Plot V-förmige Abweichungen von dem allgemeinen Verhalten $\sim 1/E$. Diese Abweichungen spiegeln sich auch in den Absorptionsintensitäten wieder. Außerdem verhält sich die Intensität in etwa proportional zum Durchmesser der scSWCNT (siehe Abbildung 2.13 und 2.14) [99].

Bei metallischen SWCNT sind durch die höheren E_{11}^M die Werte der Absorptionsintensitäten kleiner. Auch für diese Übergänge sind die Intensitäten etwa proportional zum Durchmesser. Die Abhängigkeit von der Chiralität ist hingegen sehr viel stärker ausgeprägt bei mSWCNT. Die Ursache dafür liegt im *trigonal warping*-Effekt, der bei höheren Energien ausgeprägter auftritt [80, 99].

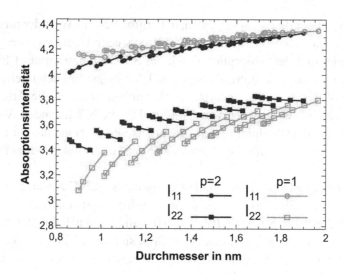

Abbildung 2.13: Die Abbildung zeigt berechnete Absorptionsintensitäten halbleitender SWCNT [99].

2.3.3 Photolumineszenz

Photolumineszenz (PL) beschreibt die Emission von Licht durch Materie, bei der eine Anregung durch Licht mit kürzerer Wellenlänge vorausgegangen ist. Die zu einer bestimmten Anregungswellenlänge gehörige Emission kann genutzt werden, um Dispersionen bezüglich ihrer chiralen Zusammensetzung zu untersuchen [66]. Eine starke Photolumineszenz-Emission von halbleitenden SWCNT mit der Energie E_{11}^S wird bei der Anregung einer starken Absorptionsbande mit der Energie E_{22}^S beobachtet (siehe Abbildung 2.15(a)). E_{ii}^S bezeichnen die Abstände der Energieniveaus in einem Ein-Elektron-Bild (siehe Abbildung 2.10). Die Energien können aus *tight binding*-Modellen mit Anpassungen an die Struktur der SWCNT und Elektron-Elektron-Wechselwirkungen berechnet werden [43]. Auch experimentell wurden die Werte bestimmt [53].

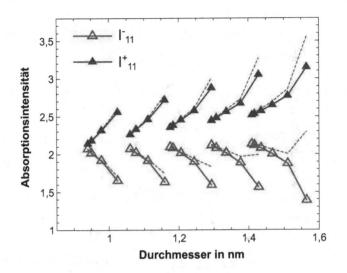

Abbildung 2.14: Die Abbildung zeigt berechnete Absorptionsintensitäten metallischer SWCNT. Die Indizes + und − zeigen die Entartung der Übergänge. Gestrichelte Linien repräsentieren eine Berechnung ohne Rücksicht auf den Überlapp zweier entarteter Übergänge [99].

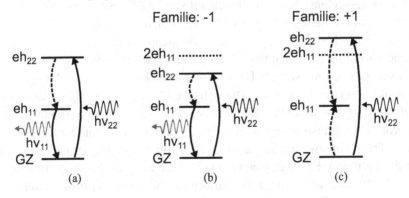

Abbildung 2.15: Skizze zur Photolumineszenz und dem Einfluss der Zugehörigkeit zu einer scSWCNT-Familie [78].

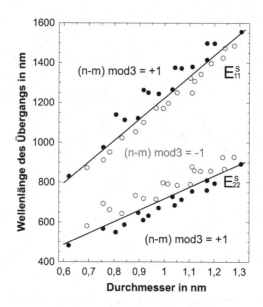

Abbildung 2.16: Die Abbildung zeigt die Abweichung der Übergangsenergien in Abhängigkeit vom Durchmesser [4].

Die Untersuchung beschränkt sich auf scSWCNT. Keine Photolumineszenz zeigen die metallischen mSWCNT, da sich bei ihnen die Elektronen allein thermisch - also nicht strahlend - abregen können.

Die Photolumineszenzintensität hängt von dem Produkt aus Absorption, Relaxation, und Emission ab. Die PL-Intensität als Funktion der Anregungsintensität folgt der Absorption. Das optische Matrixelement hängt dabei mit $1/d$ vom Durchmesser ab (siehe Tabelle im Anhang 2.1). Die Abhängigkeiten vom Chiralitätswinkel und der Familie kürzen sich durch entgegengesetzte Trends im zweiten Subband für Absorption und dem ersten Subband für die Emission. Es folgt, wenn man die Relaxation als konstant annimmt, dass die PL-Intensität durch die Absorption bestimmt wird mit einer Gewichtung $1/d^2$ [78].

Liegt E_{22}^{S} höher als $2E_{11}^{S}$, kann das Elektron bei der Relaxation von E_{22}^{S} auf E_{11}^{S} ein weiteres Elektron nicht strahlend vom Grundzustand nach E_{11}^{S}

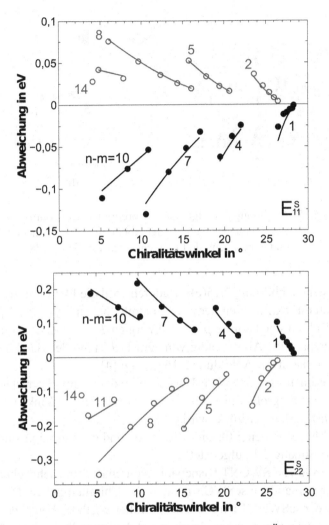

Abbildung 2.17: Die Abbildung zeigt die Abhängigkeit der Übergangsenergien von der Chiralität [4].

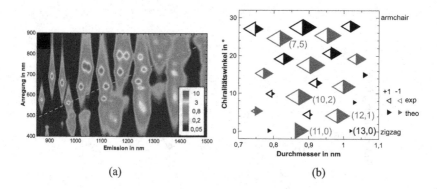

(a)   (b)

Abbildung 2.18: Abbildung (a) zeigt einen theoretischen 2D-Konturplot einer SWCNT-Dispersion. In der Abbildung (b) sind theoretische und experimentelle PL-Intensitäten verglichen [78].

anregen (siehe Abbildung 2.15(c)). Dadurch wird die Photolumineszenzintensität unterdrückt. Röhren der $p = 1$ Familie haben $E_{22}^S > 2E_{11}^S$, während die Röhren der Familie $p = 2$ Energien $E_{22}^S < 2E_{11}^S$ aufweisen. Diese systematische Abweichung von dem $1/d$ Trend der Bandlücken im Kataura-Plot ist in der Abbildung 2.16 gezeigt [4].

Im Experiment zeigen SWCNT der Familie $p = 1$ hingegen starke Photolumineszenz für große Chiralitätswinkel, die bei kleinen Winkeln (in Richtung *zigzag*) stark unterdrückt wird [78].

Einige Matrixelemente für die Absorption und die Emission sind in der Tabelle im Anhang 2.1 aufgelistet.

Die Analyse von SWCNT Dispersionen durch PL kann sehr schnell Aussagen über vorhandene scSWCNT und deren Chiralität geben. Dabei können einige der scSWCNT aufgrund der Familienzugehörigkeit oder der Chiralität nicht detektiert werden. Somit liefert die PL nicht den vollständigen Satz von scSWCNT in der Dispersion. Um zu quantitativen Aussagen zu gelangen, müssen einzelne Peaks im Konturplot, zum Beispiel durch Fitten, verglichen werden. Da der Konturplot sich aus einzelnen Spektren zusammensetzt, ist der Aufwand ähnlich dem bei der Auswertung von UV/VIS-Spektren durch das Fitten von Peaks. Wie der Abbildung 2.18 entnommen

werden kann, gibt es allerdings eine Diskrepanz zwischen theoretisch vor-
hergesagter PL-Intensität und der experimentell festgestellten Intensität. Dadurch wird die quantitative Auswertung von Dispersionen mittels PL erschwert.

In der vorliegenden Arbeit wurde die PL deshalb genutzt, um anhand einzelner identifizierter Chiralitäten den Durchmesserbereich einzuschränken,
der in einer detaillierten Analyse des Absorptionsspektrums zu berücksichtigen ist. Speziell für sortierte Fraktionen einer Dispersion genügt somit die
einmalige Messung der PL der Ausgangsdispersion, um quantitative Aussagen anhand der Absorptionsspektren der einzelnen Fraktionen zu errechnen.

2.4 Dispergierung von CNT

Im Kapitel 2.1 sind Syntheseverfahren für die Herstellung von SWCNT dargestellt worden. Nach der Herstellung liegen die SWCNT meist als Pulver
vor. Starke Van-der-Waals-Kräfte verursachen darin eine Bündelung der
Röhren. Die Bündelung verursacht insbesondere, dass der halbleitende Charakter von zwei Dritteln der Nanoröhren von den metallischen Leitungsei-
genschaften eines Drittels der Nanoröhren im Bündel überdeckt wird. Diese
Bündel müssen daher aufgebrochen und eine anschließende Reagglomeration sollte verhindert werden. Dieser Vorgang wird als Dispergierung bezeichnet und hat möglichst langzeitstabile Suspensionen einzelner Nanoröhren zum Ziel. Die Dispergierung kann grundlegend in wässriger oder
organischer Phase durchgeführt werden. Im Folgenden werden einige Möglichkeiten der Dispergierung näher erklärt. Der Fokus liegt dabei auf der
nicht kovalenten Funktionalisierung der CNT. Durch die kovalente Funktionalisierung - beispielsweise mit Hydroxygruppen an der Oberfläche der
SWCNT - kann zwar die Hydrophobizität der SWCNT gesenkt werden, um
die Nanoröhren stabil in der wässrigen Phase zu dispergieren. Allerdings
verändert diese Art der Funktionalisierung die elektrischen Eigenschaften
der SWCNT. Deshalb sind Verfahren zu bevorzugen, welche eine kovalente Funktionalisierung vermeiden.

Tabelle 2.4.1: Übersicht häufig genutzter kationischer und nicht ionischer Tenside zur Dispergierung von SWCNT [103].

kationisch	CTAB	*cetyltrimethylammonium bromide*	
nicht ionisch	Triton™	Triton™X-100	
	Tween®	Tween®20	
		Tween®80	

2.4.1 Verwendung von Tensiden

Tenside sind im Alltag weit verbreitet. Sie kommen in Duschbädern, Seifen und Waschmitteln zum Einsatz. Ihre Aufgabe ist es die Grenzflächenspannung zwischen einer festen Phase und der wässrigen Phase zu reduzieren, um eine Dispergierung zu ermöglichen. Die Tenside können nach ihrer Ladung gruppiert werden. So gibt es kationische, nichtionische und anionische Tenside. Einige Tenside, die zur Dispergierung von SWCNT genutzt werden, sind in Tabellen 2.4.1 und 2.4.2 zusammengestellt.

Die Dispergierung von SWCNT besteht in der Regel aus zwei Schritten. Zunächst werden mit einem Ultraschalldesintegrator die SWCNT-Bündel aufgebrochen um eine Vereinzelung der Nanoröhren herzustellen. Dadurch können die Tenside die Seitenwände der Nanoröhren erreichen, die vorher durch die Bündelung verdeckt waren. Die durch die Tenside verursachten sterischen und elektrostatischen Abstoßungen verhindern anschließend eine Reagglomeration der SWCNT. Für die weitere Verarbeitung der SWCNT ist die Frage nach der Konfiguration der Tenside auf den SWCNT- Sei-

Tabelle 2.4.2: Übersicht häufig genutzter anionischer Tenside zur Dispergierung von SWCNT [103].

anionisch	SDS	*sodium dodecyl sulfate*	$CH_3(CH_2)_{10}CH_2O-\overset{\overset{O}{\|\|}}{\underset{\underset{O}{\|\|}}{S}}-ONa$
	SC	*sodium cholate hydrate*	
	TDOC	*sodium taurodeoxycholate hydrate*	
	SDBS	*sodium dodecylbenzensulfonate*	$CH_3(CH_2)_{10}CH_2$
	DOC	*sodium deoxycholate*	

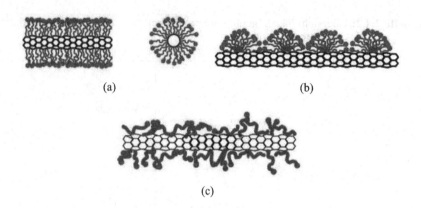

(a)   (b)

(c)

Abbildung 2.19: Schematische Darstellung der angenommenen Varianten der
Tensid Adsorption für die Auswertung von Neutronenstreu-
ungsexperimenten. (a) Der Einschluss der SWCNT in einer
großen Mizelle. (b) Die Anordnung als Hemimizellen auf
der SWCNT-Wand. (c) Die ungeordnete Absorption auf der
SWCNT-Wand [109].

tenwänden von großem Interesse. Für die Erklärung der Sortierung von
SWCNT mittels Dichtegradientenzentrifugation - *density gradient ultracentrifugation* (DGU) ist es beispielsweise hilfreich zu wissen, wieviel Tensid
sich auf der Nanoröhre befindet und wie es geometrisch angeordnet ist, denn
dadurch könnte die Dichte eines SWCNT mit Tensidhülle bestimmt werden.

Eine Möglichkeit die Struktur des Tensids auf den SWCNT zu charakterisieren, bieten Neutronenstreuungsexperimente. In einem solchen Experiment von Koray Yurekli und seinen Kollegen wurden drei Fälle unterschieden (siehe Abbildung 2.19) [109]:

• Der Einschluss der SWCNT in einer großen Mizelle.

• Die Anordnung des Tensids als Hemimizellen auf der SWCNT-Wand.

• Die ungeordnete Adsorption auf der SWCNT-Wand.

Dazu wurden SWCNT mit verschiedenen Tensidkonzentrationen dispergiert. Um das Adsorptionsverhalten zu charakterisiern, wurde nach Abwei-

chungen von dem spezifischen Signal von *sodium dodecyl sulfate* (SDS)-Mizellen gesucht. Auch zylindrische Mizellen sind so identifizierbar. Nach der Dispersion von SWCNT in den Tensidlösungen, konnten weder qualitativ noch quantitativ Abweichungen gefunden werden. Die Autoren haben daraus geschlussfolgert, dass die ungeordnete Adsorption der Tenside verantwortlich für die Dispersion der SWCNT ist.

Einen gänzlich anderen Ansatz wählten Olga Matarredona und ihre Kollegen [58]. Sie haben die Menge des Tensids in der Dispersion genau bestimmt und über die Konzentration der SWCNT und des Tensids die Flächendichte des Tensids auf der SWCNT-Oberfläche abgeschätzt. Bei diesen Experimenten konnte gezeigt werden, dass die Interaktion der SWCNT mit dem Tensid *sodium dodecylbenzenesulfonate* (SDBS) hauptsächlich über hydrophobe Wechselwirkungen stattfindet. Elektrostatische Wechselwirkungen von SWCNT und Tensid spielen hingegen nur für extreme pH-Werte eine Rolle. Darüber hinaus zeigen diese Experimente, dass es eine Sättigung gibt, bei der kein Tensid mehr auf der Oberfläche adsorbiert wird. Daraus lässt sich schlussfolgern, dass bei dieser Sättigungskonzentration das Tensid eine geschlossene Monolage auf der SWCNT-Oberfläche bildet, in der die Moleküle senkrecht ausgerichtet sind (siehe Abbildung 2.19(a)).

Neben diesen experimentellen Ansätzen gibt es auch theoretische Arbeiten, um die Tensidadsorption zu charakterisieren, die sich über die Simulation der Molekulardynamik der Fragestellung nähern. Naga R. Tummala und Alberto Striolo haben die Adsorption von SDS auf (6,6)-, (12,12)- und (20,20)-SWCNT mittels Molekulardynamik-Methoden berechnet. Dazu haben sie das Verhältnis von SWCNT-Oberfläche zur Anzahl der SDS-Kopfgruppen variiert, sodass sich die unterschiedliche Adsorption bei hoher oder niedriger Konzentration eines Tensids simulieren lässt. Diese Simulationen zeigen zwei Trends. Bei niedriger Konzentration liegen die SDS-Moleküle flach auf der SWCNT-Oberfläche. Bei höherer Konzentration entsteht eine dichte SDS-Lage, wobei die Kopfgruppen im Durchschnitt einen höheren Abstand von der SWCNT-Oberfläche haben als der hydrophobe Tensidschwanz. Bei kleinen Konzentrationen kann es zudem eine Nahordnung geben. Dabei ordnen sich die Moleküle in Ringen an, in denen sie wiederum parallel oder antiparallel zueinander ausgerichtet sind [97].

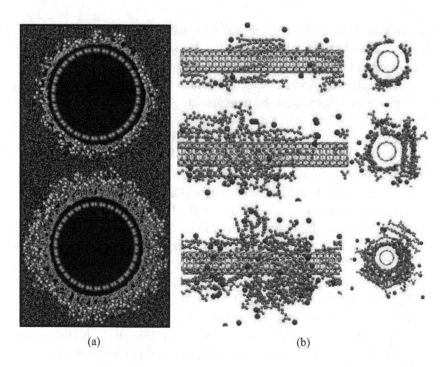

(a)   (b)

Abbildung 2.20: Abbildung (a) zeigt die Adsorption von SDS auf einem (30,30)-SWCNT, oben mit 80 und unten mit 210 SDS-Molekülen [104]. Abbildung (b) zeigt die Adsorption von SDS auf einem (6,6)-SWCNT mit steigender Anzahl von SDS-Molekülen [97].

In einer weiteren Computersimulation haben Zhijun Xu und Kollegen gefunden, dass für kleine Durchmesser stets eine ungeordnete Adsorption des Tensids SDS stattfindet [104]. Bei größeren Durchmessern hingegen kommt es nur bei niedrigen Konzentrationen des Tensids zur ungeordneten Adsorption und für größere Konzentrationen richten sich die Tenside senkrecht aus (siehe Abbildung 2.20(a)).

Mit einer Vielzahl von Tensiden haben Adam Blanch und Kollegen vergleichende Dispersionsexperimente gemacht [7]. In diesen Experimenten wurden auch SWCNT aus unterschiedlichen Syntheseverfahren verwendet (siehe Abbildung 2.21). Es zeigte sich, dass mit SDS gute Dispersionen von

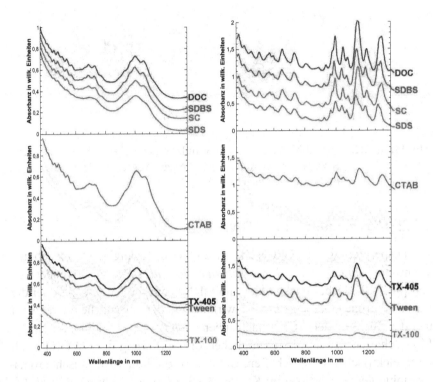

Abbildung 2.21: UV/VIS-Spektren von dispergierten (links) *arc discharge*-SWCNT und (rechts) HiPCO-SWCNT mit anionischen, kationischen und nicht ionischen Tensiden [7]. TX steht für Triton-X.

HiPCO-SWCNT hergestellt werden können. Das lässt sich in der Abbildung 2.21 an den relativ scharfen Peaks erkennen. Jedoch liefert SDS nur schlecht vereinzelte Dispersionen für *arc discharge*-SWCNT. Das lässt sich an dem weniger differenzierten Spektrum in der Abbildung 2.21 erkennen.

Eine neuere Entwicklung ist das Design von maßgeschneiderten Polymeren zur Dispergierung [14]. Durch ihre Struktur können diese Polymere einzelne oder mehrere Chiralitäten bevorzugt dispergieren.

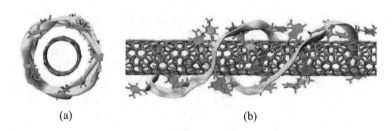

(a)   (b)

Abbildung 2.22: Die Abbildung zeigt die Simulation eines ssDNA ummantelten
SWCNT in der Ansicht parallel zur Achse der Nanoröhre (a)
und senkrecht dazu (b) [96].

2.4.2 Verwendung von ssDNA

Zur Dispergierung von SWCNT kann auch einzelsträngige Desoxyribonukleinsäure - *single-stranded deoxyribonucleic acid* (ssDNA) verwendet werden [90, 110]. Dabei wickelt sich die ssDNA um die SWCNT, wobei die
Basen aufgrund einer π-π-Wechselwirkung mit der Oberfläche interagieren
und das Rückgrat der ssDNA nach außen zeigt (siehe Abbildung 2.22). Die
Eigenschaften der ssDNA ermöglichen die Sortierung der SWCNT nach
ihren elektrischen Eigenschaften. Dafür wird die Ionen-Austauschchroma-
tographie genutzt, welche im Kapitel 2.5.3 genauer beschrieben wird [96,
111].

2.4.3 Verwendung organischer Lösungsmittel

Auch organische Lösungsmittel eignen sich zur Dispergierung von SWCNT.
Da diese Art der Dispergierung nicht Gegenstand der Arbeit war, soll lediglich auf einige Beispiele in diesem Bereich hingewiesen werden. Bereits
im Jahr 2000 wurde die Dispergierung mit dem organischen Lösungsmittel
N-Methyl-2-Pyrrolidone vorgeschlagen [2]. Allerdings ist dabei der Ver-
einzelungsgrad der Röhren geringer als bei der Verwendung von Tensiden
wie SDS (siehe Abbildung 2.23(a)). Da bei dieser Art der Dispergierung
keine Tenside verwendet werden, ist es schwieriger, eine Reagglomeration
der SWCNT zu verhindern. Zur Stabilisierung kann dabei nicht auf hydro-
phob/hydrophile oder elektrostatische Wechselwirkungen zurückgegriffen

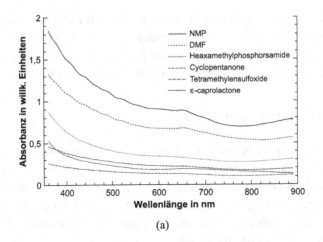

(a)

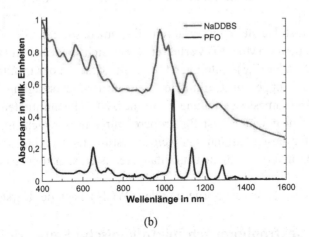

(b)

Abbildung 2.23: In der Abbildung (a) sind SWCNT-Dispersionen mit diversen organischen Lösungsmitteln gezeigt [2]. Abbildung (b) zeigt die selektive Dispergierung von (7,5)-SWCNT aus einer CoMoCAT-Probe durch das Polymer PFO in Toluene im Vergleich zu SWCNT, die mittels SDBS in Wasser dispergiert wurden [64].

werden. Es ist über π-π-Wechselwirkungen jedoch möglich, eine gute Dispersion herzustellen. Ein besonders interessanter Aspekt ist die Verwendung von Toluen und maßkonfigurierter Polymere, wodurch eine selektive Dispergierung möglich ist (siehe Abbildung 2.23(b)) [64, 93].

2.5 Sortierung von CNT

Alle SWCNT-Herstellungsverfahren produzieren Mischungen metallischer und halbleitender SWCNT (vgl. Kapitel 2.1). Bei den meisten Anwendungen ist es jedoch von entscheidendem Vorteil, wenn nur SWCNT bestimmter Chiralität zur Verfügung stehen. Dadurch lassen sich beispielsweise Transistoren mit einer hohen Qualität und mit einheitlichen Eigenschaften bauen [40]. Ebenso kann so die Bandlücke von organischen Solarzellen gewählt werden [39].

Es gibt auch Herstellungsverfahren, die ganz bestimmte SWCNT bevorzugen. Mit dem CoMoCAT-Verfahren lassen sich so Proben mit besonders hohem (6,5) oder (7,6)-Anteil herstellen. Die Ursache der Limitierung auf eine kleine Gruppe von Chiralitäten liegt in der Bevorzugung einer sehr schmalen Durchmesserverteilung. Einzelne SWCNT-Chiralitäten durch diesen Ansatz zu gewinnen, ist für größere Durchmesser nicht mehr ausreichend, da für diesen Fall innerhalb eines bestimmten Durchmesserbereichs immer mehr unterschiedliche Chiralitäten realisiert sein können (vgl. Abbildung 2.6).

Eine Lösung bietet die Sortierung der SWCNT nach der Herstellung.

2.5.1 Dielektrophoretisch mikrofluidische Separation

Der Ansatz der dielektrophoretischen Sortierung von SWCNT geht auf die Arbeit von Ralph Krupke und seinen Kollegen zurück. Sie schlugen die selektive Abscheidung von SWCNT mittels Dielektrophorese (DEP) vor [48]. Dabei wird die DEP-Kraft (vgl. Kapitel 2.7) genutzt, die im inhomogenen elektrischen Wechselfeld auf dielektrische Partikel wirkt. Die Kraftwirkung ist dabei eine Funktion der Frequenz der angelegten Wechselspannung und der komplexen Permittivität der SWCNT (inkl. Tensidhülle) und des umgebenden Mediums [18, 45]. Bei niedrigen Frequenzen unterliegen

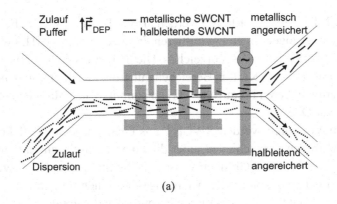

(a)

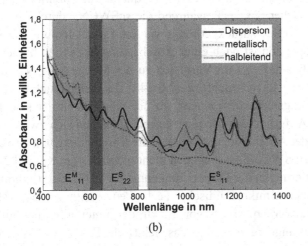

(b)

Abbildung 2.24: Abbildung (a) zeigt den schematischen Aufbau des Experiments zur mikrofluidischen Sortierung von SWCNT. Auf der linken Seite werden eine Dispersion und ein Puffer zusammengeführt. Während der laminare Strom die Elektroden passiert, werden die mSWCNT auf die Seite des Puffers befördert. Auf der rechten Seite wird der Fluss wieder aufgeteilt. In (b) sind die UV/VIS-Spektren der sortierten SWCNT gezeigt [83].

alle SWCNT positiver DEP. Sie werden also in Bereiche großer Feldgradienten hinein gezogen. In einem mittleren Frequenzband ($\sim$ MHz) wechselt die DEP für scSWCNT das Vorzeichen. Die halbleitenden Röhren erfahren somit eine abstoßende Kraft in Bereichen mit großem Feldgradienten. Ab einer wiederum höheren Frequenz ($\sim$ GHz) kommt es auch für die mSWCNT zu negativer DEP.

In dem Verfahren werden SWCNT aus einer Dispersion selektiv zwischen Elektroden abgeschieden, über die eine Wechselspannung angelegt ist. Aus geometrischen Gründen weisen flache lithographisch hergestellte Elektroden (auch bei paralleler Anordung) stets einen starken Feldgradienten an ihren Kanten auf. Im mittleren Frequenzband kommt es zur Abscheidung metallischer SWCNT, während die scSWCNT durch negative DEP von den Elektroden zurückgedrängt werden. Eine Änderung der Komposition der Dispersion ist nach einer Abschätzung der abgeschiedene Menge SWCNT (etwa 100 pg) im Vergleich zu der Menge SWCNT in 10 L Dispersion (etwa 100 ng) nicht messbar [48]. Es handelt sich also nicht um eine Sortierungsmethode sondern um die Möglichkeit der selektiven Abscheidung. Aufgrund des Frequenzverhaltens lassen sich zwar metallische Anteile bei der Abscheidung erhöhen. Eine Abscheidung von ausschließlich halbleitenden SWCNT ist hingegen nicht möglich (vgl. Kapitel 2.7).

Eine Sortierung in der Dispersion konnte mittels Dielektrophorese durch die Zuhilfenahme mikrofluidischer Techniken gezeigt werden [83]. Bei dieser Methode werden Arrays von Elektroden unterhalb eines mikrofluidischen Kanals angebracht, sodass das elektrische Feld einen Gradienten quer zur Flussrichtung besitzt. Zur Sortierung werden zwei laminare Strömungen am Einlaß nebeneinander geschichtet und am Auslaß wieder aufgetrennt mit möglichst geringer turbulenter Vermischung. Durch den elektrischen Feldgradienten quer zur Flussrichtung können die metallischen SWCNT in dem Fluss von einer Strömungsseite zur anderen geführt werden. Diese Methode erlaubt eine Sortierung nach dielektrischen Eigenschaften, also halbleitend oder metallisch. Eine Unterscheidung nach Chiralität oder Durchmesser ist so nicht zu erreichen.

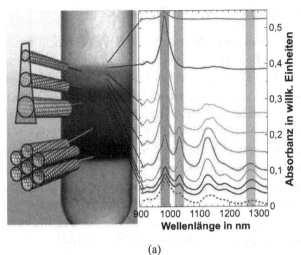

(a)

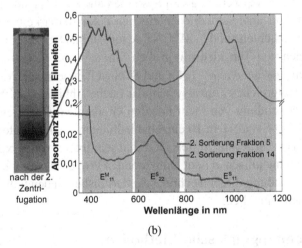

(b)

Abbildung 2.25: Abbildung (a) zeigt das Schema und das Ergebnis einer
Einschritt-DGU-Sortierung [1]. In Abbildung (b) ist ein Zen-
trifugenröhrechen und die entsprechenden UV/VIS-Spektren
einer Zweischritt-DGU zur Sortierung nach elektronischen Eigenschaften gezeigt [76].

2.5.2 Dichtegradientenzentrifugation

Eine weitere Methode zur Separation der SWCNT nach deren Synthese stellt die Dichtegradientenzentrifugation - *density gradient ultracentrifugation* (DGU) dar [1]. Dabei werden kleine Dichteunterschiede genutzt, um SWCNT-Fraktionen nach der relativen Dichte der SWCNT in einem Dichtegradienten zu separieren (siehe Abbildung 2.25(a)). Die Dichteunterschiede ergeben sich zum einen aus dem Durchmesser der SWCNT und zum anderen aus der Belegungsdichte mit Tensid. Es ist zu beachten, dass Nanoröhren mit größerem Durchmesser eine größere Schwimmdichte aufweisen. Die Erklärung dafür ist, dass die größeren SWCNT dem Tensid auch die Möglichkeit der Anlagerung auf der Innenseite der Nanoröhren bieten [12]. Außerdem ermöglicht die geringere Krümmung der Oberfläche einer größeren Nanoröhre eine dichtere Packung des Tensids [104].

Eine Sortierung nach der Polarisierbarkeit (also halbleitend oder metallisch) wird bei der Verwendung von Systemen aus zwei Tensiden möglich, die aufgrund ihrer unterschiedlichen eigenen Polarisierbarkeiten in ungleichen Belegungsdichten auf den SWCNT adsorbieren. Dabei empfehlen sich Kombinationen von Tensiden mit großen Massen- und Polarisierbarkeitsunterschieden. *sodium cholate* (SC) und SDS stellen beispielsweise ein für den Zweck erfolgreiches Tensidsystem dar (siehe Abbildung 2.25(b)) [76]. Durch die Verwendung von nicht linearen Gradienten konnte eine Sortierung von HiPCO-SWCNT in 10 einzelne halbleitende Chiralitäten erreicht werden [26]. Die Sortierung mittels DGU hat sehr interessante Experimente mit hochreinen metallischen oder halbleitenden Proben ermöglicht. Eine industrielle Anwendung dieser Technik scheitert bisher an den hohen Kosten für die Gradientenmedien.

2.5.3 Chromatographische Methoden

2003 haben Ming Zheng und Kollegen erstmals Ionenaustauschchromatographie - *ion-exchange chromatography* (IEX) genutzt, um SWCNT nach metallischen und halbleitenden Fraktionen zu sortieren [111]. Dazu haben sie HiPCO-SWCNT in Wasser mit $0.1\,\mathrm{mol\,L^{-1}}$ NaCl mittels $1\,\mathrm{mg\,mL^{-1}}$ 60 C/T ssDNA (ein 60 Basen langer ssDNA Strang mit zufälliger Verteilung von Cytosin und Thymin) dispergiert. Zur Sortierung gaben sie die Dispersion auf eine Anionen-Austauschsäule aus dem Gel HQ 20 (Applied Biosystems). Dieses Gel war mit Polyethylenimin funktionalisiert. Dadurch kam es zu einer starken Bindung mit dem negativ geladenen Rückgrat der Desoxyribonukleinsäure - *deoxyribonucleic acid* (DNA). Durch einen linearen Salzgradienten (von 0 bis 1.8 mol L^{-1} NaSCN in einem 20 mmol L^{-1} MES Puffer bei pH 7) konnten die SWCNT wieder vom Gel gespült werden. Dabei wurden zuerst kürzere SWCNT abgelöst und später die längeren. Mittels UV/VIS-Spektroskopie konnte gezeigt werden, dass eine Sortierung nach halbleitend und metallisch stattgefunden hat. So befanden sich in den früheren Fraktion mehr metallische SWCNT. Die späteren Fraktionen hingegen waren mit halbleitenden SWCNT angereichert (siehe Abbildung 2.26(a)).

Die metallischen DNA-SWCNT wurden eher ausgespült, weil sie weniger Oberflächenladungen besitzen als die halbleitenden DNA-SWCNT. Die Ursache dafür liegt in Spiegelladungen, die in metallischen SWCNT ausgeprägter sind [111].

In den Folgejahren wurde herausgefunden, dass auch die Sequenz der ssDNA einen Einfluss auf die Dispergierung der SWCNT hat [110]. Durch die systematische Untersuchung verschiedener Sequenzen wurden ssDNA Sequenzen gefunden, die eine sehr genaue Sortierung zulassen. Einzelne Proben mit einer dominierenden Chiralität lassen sich so über die gleiche Art der Säulenchromatographie gewinnen (siehe Abbildung 2.26(b)) [96]. Untersucht wurden Sequenzen bis zu einer Länge von 30 Basen.

Ein anderer Ansatz zur chromatographischen SWCNT-Sortierung wurde 2009 entdeckt. Moshammer und Kollegen fanden durch den Vergleich von UV/VIS-Spektren und der Bestimmung der Durchmesserverteilung heraus, dass die Sortierung nach den elektronischen Eigenschaften eigentlich eine Sortierung nach dem Grad der Bündelung ist. Die metallischen SWCNT neigen demnach stärker zur Bildung von Bündeln (speziell bei der Dispergierung mittels SDS). Deshalb haben sie eine Sortierung mittels Größenausschluss-Chromatographie untersucht. Für das Experiment wurde das Gel Sephacryl S-200 HR benutzt. Es besteht aus Allyldextran und *N,N'*-Methylenbisacrylamid. Zur Dispergierung der Ausgangsdispersion wurde SDS verwendet. Als Ausgangsmaterial wurden SWCNT aus einem PLV-Verfahren verwendet. Sie fanden heraus, dass die metallischen SWCNT das Gel schnel-

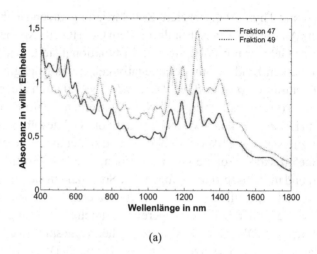

(a)

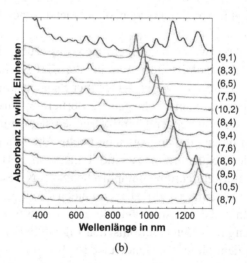

(b)

Abbildung 2.26: Abbildung (a) zeigt zwei Fraktionen nach elektrischen Eigenschaften sortierter SWCNT [111]. In (b) sind die UV/VIS-Spektren von HiPCO-SWCNT dargestellt, die mittels IEX sortiert wurden [96].

Abbildung 2.27: Schematische Darstellung der Gel-Chromatographie [68].

ler passieren als halbleitende Anteile in der Dispersion. Die halbleitenden SWCNT gehen in eine stationäre Phase über, die dann durch einen Tensidaustausch hin zu SC wieder mobilisiert und gesammelt werden können [61].

Die Größenausschluss-Chromatographie kann auch genutzt werden, um eine Zentrifugation der Ausgangsdispersionen zu ersetzen. Das wurde bei der Sortierung von HiPCO- und PLV-SWCNT mit einer Kombination von SDS und SC gezeigt [8]. Mit der Verwendung von nur einem Tensid schaffte die Gruppe von Hiromichi Kataura den Durchbruch zur Sortierung einzelner Chiralitäten [51, 92]. Durch die Beladung des Gels bei geringer Tensidkonzentration (SDS) in der Dispersion kann später die stationäre Phase durch einen Puffer mit hoher Tensidkonzentration wieder ausgewaschen werden (siehe Abbildung 2.27). Der Vorteil besteht darin, dass die halbleitende Fraktion nach einer Verdünnung wieder als Ausgangsmaterial verwendet werden kann. Dadurch ist es möglich, die SWCNT in mehreren Schritten (*multicolumn chromatography*) nach ihrer Affinität zum Gel zu sortieren. Auf diese Weise wurden 13 verschiedene Chiralitäten aufgereinigt.

Eine weitere Verfeinerung der Methode gelang durch die Kontrolle der Temperatur. Bei einer Temperatur von 10 °C werden nur (6,4)-Röhren von dem Gel adsorbiert. Bei 12 °C binden hauptsächlich (6,5)-Röhren. Wird nun eine Dispersion nacheinander durch Gele mit ansteigender Temperatur gepumpt, können später aus den einzelnen Gelen die unterschiedlichen Chiralitäten gewonnen werden [52]. Die Ursache der Temperaturabhängigkeit der Adsorprtion wird im folgenden Kapitel 2.5.4 erläutert. Weitere Varianten dieser Methode nutzen die Änderung des pH-Wertes bei gleichbleibender Tensidkonzentration [23].

2.5.4 Thermodynamik der Gel-Chromatographie

In einer umfangreichen Studie hat die Gruppe von Hiromichi Kataura die thermodynamischen Grundlagen der Sortierung untersucht [32]. Statt einer Untersuchung anhand von Säulenchromatographie, haben sie die SWCNT-Dispersionen durch Verrühren mit den Gelen in Kontakt gebracht. Dadurch lassen sich Gleichgewichtsverhältnisse garantieren und längere Interaktionszeiten mit den Gelen realisieren. Bei der Untersuchung der Abhängigkeit der Adsorption von SWCNT auf dem Gel haben sie festgestellt, dass mit steigender Dauer (bis 12 h) immer mehr SWCNT adsorbieren. Halbleitende SWCNT werden dabei stärker adsorbiert. Bei der Variation der Tensidkonzentrationen fiel auf, dass höhere Konzentrationen eine geringere Adsorption zur Folge haben. Unter folgenden Annahmen sollte die Adsorption durch Langmuir-Isothermen beschrieben werden:

- Gleichgewicht von Adsorption und Desorption,

- Adsorption nur als Monolage,

- gleichförmige Geloberfläche,

- keine Wechselwirkung zwischen adsorbierten SWCNT und den benachbarten potentiellen Adsorptionsstellen.

Eine schematische Darstellung der SWCNT-Adsorption auf dem Gel ist in Abbildung 2.28(a) gezeigt. Der Anteil θ auf der Oberfläche adsorbierter SWCNT kann durch die Gleichgewichtskonstante K beschrieben werden:

$$\theta = \frac{Kc}{1 + Kc}. \tag{2.5.1}$$

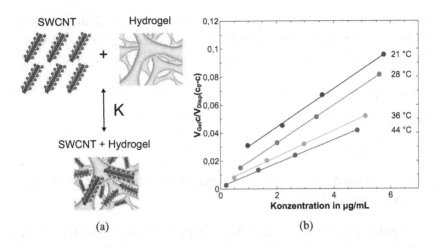

(a)   (b)

Abbildung 2.28: Abbildung (a) zeigt schematisch die Interaktion der SWCNT mit SDS und einem Hydrogel [32]. In (b) ist beispielhaft die Bestimmung der Gleichgewichtskonstanten K und des Sättigungsgewichts α der SWCNT auf dem Gel durch lineare Regression für halbleitende SWCNT auf Sephacryl-Gel gezeigt (vgl. Gleichung 2.5.3) [32].

Die Konzentration c der SWCNT in der Dispersion lässt sich, wie folgt, mit der Ausgangskonzentration c_0 verknüpfen:

$$c = c_0 - \theta\alpha\frac{V_{Gel}}{V_{Dis}}. \qquad (2.5.2)$$

Dabei ist α das Sättigungsgewicht der SWCNT auf dem Gel pro Gelvolumeneinheit. V_{Gel} und V_{Dis} sind die Volumina des Gels bzw. der Dispersion. Durch Einsetzen der Gleichungen ineinander ergibt sich eine lineare Beziehung.

$$\frac{V_{Gel} \cdot c}{V_{Dis}(c_0 - c)} = \frac{1}{\alpha K} + \frac{c}{\alpha} \qquad (2.5.3)$$

Indem $V_{Gel} \cdot c/[V_{Dis}(c_0 - c)]$ der Gleichung 2.5.3 über der Konzentration c aufgetragen wird, können durch lineare Regression die Größen α und K

bestimmt werden. In der Abbildung 2.28(b) ist ein Beispiel dafür gezeigt. In einem Experiment mit sortierten SWCNT konnte durch die Ermittlung von α und K bei unterschiedlichen Temperaturen gezeigt werden, dass [32]:

- $K_{halbleitend} > K_{metallisch}$,

- für $T_1 < T_2$ gilt $\alpha(T_1) < \alpha(T_2)$,

- für $T_1 < T_2$ gilt $K(T_1) < K(T_2)$,

- θ ist am größten bei 44 °C für halbleitende SWCNT (unter den experimentellen Bedingungen [32]).

Die Adsorption halbleitender SWCNT ist somit stets stärker als die metallischer SWCNT, wodurch die Separation nach scSWCNT und mSWCNT begründet werden kann. Für die temperaturabhängige Sortierung müssen die Beiträge der einzelnen SWCNT-Anteile zu einem effektiven α berücksichtigt werden (vgl. Kapitel 2.5.3). Bei niedriger Temperatur ist α dominiert durch die Adsorption von (6,4)-Röhren. Im nächsten Temperaturschritt werden (6,5)-Röhren adsorbiert [52]. Für höhere Temperaturen nimmt die Adsorption anderer SWCNT-Chiralitäten zu, so dass α insgesamt steigt. Werden die SWCNT nach der niedrigsten Temperatur sortiert, bei der sie adsorbieren, ergibt sich die gleiche Reihenfolge wie bei der Sortierung einzelner Chiralitäten über mehrere Säulen bei Raumtemperatur (siehe Abbildung 2.29(a)) [51,52].

In der vorliegenden Arbeit wurde nur ein Chromatographieschritt bei Raumtemperatur angewendet. Die detaillierte Auswertung der Zusammensetzung von Ausgangsmaterial und sortierten Fraktionen zeigt dabei eine gute Übereinstimmung mit der Eluationsordnung, wie sie in der Abbildung 2.29(a) dargestellt ist.

In der Veröffentlichung von Atsushi Hirano wurde eine schematische Darstellung der thermodynamischen Verhältnisse entwickelt (siehe Abbildung 2.29(b)) [32]. Das Schema zeigt den Unterschied zwischen Agarose- und Sephacryl-Gel und den Einfluss der SDS-Konzentration auf die Gibbs-Energie. Durch eine höhere SDS-Konzentration wird der Energiegewinn durch die Adsorption auf dem Gel geringer. Damit kann das Wiederablösen

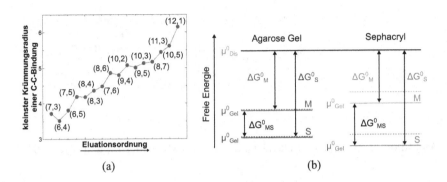

(a)   (b)

Abbildung 2.29: Die Abbildung (a) stellt die Abhängigkeit der Eluationsordnung von der Krümmung der C-C-Bindungen in den jeweiligen
SWCNT dar [51]. Abbildung (b) zeigt schematisch die Gibbs-
Energie auf Gelen adsorbierter SWCNT. Die gepunkteten Lini-
en repräsentieren höhere SDS-Konzentrationen. Das chemische
Potential der SWCNT in der Dispersion $\mu^0{}_{Dis}$ ist aus Gründen
des einfacheren Vergleichs für beide Gele gleich gesetzt [32].

adsorbierter SWCNT durch die Erhöhung der Tensidkonzentration verstanden werden.

2.6 Assemblierung von CNT-FET

Durch eine am Gate angelegte Spannung wird bei einem Feldeffekttransistor (FET) der Stromfluss von Source nach Drain gesteuert. Die Abhängigkeit des Source-Drain-Stroms I_{SD} von der Gatespannung U_{Gate} wird als
Eingangskennlinie bezeichnet (vgl. Abbildung 4.25). In der Informations-
technologie wird dieses Bauelement meistens in einer MOSFET-Bauweise
(Metall - Oxid/Isolator - *Semiconductor*/Halbleiter) zum Aufbau logischer
bzw. integrierter Schaltungen (IC) verwendet (siehe Abbildung 2.30(a)).

Indem das Gate unterhalb einer Isolationsschicht angebracht wird (*Back-
gate*), können FET aus Nanodrähten aufgebaut werden (siehe Abbildung
2.30(b)). Potentiell kommen verschiedene halbleitende Materialien als Na-
nodrähte in Frage. In der vorliegenden Arbeit wurden SWCNT genutzt, da

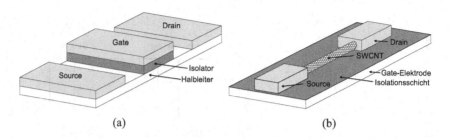

(a)   (b)

Abbildung 2.30: Schematische Darstellung eines MOS-FET (a) und eines CNT-FET (b).

sie sich in einem Selbstassemblierungsschritt simultan zwischen einer Vielzahl von Elektroden abscheiden lassen. Dieser Prozess nennt sich Dielektrophorese (DEP) und wird im Kapitel 2.7 ausführlich diskutiert. Der hier gezeigte Aufbau eignet sich mit entsprechender Fuktionalisierung bereits als Feuchtigkeitssensor [9], da es durch Feuchtigkeit an der Oberfläche des SWCNT-FET zu messbaren Änderungen in der Eingangskennlinie kommt.

Vorteile dieses FET-Aufbaus aus SWCNT werden im Zusammenhang mit Biosensoren im Kapitel 2.9 besprochen.

2.7 Dielektrophorese

Eine Möglichkeit für die großflächige Herstellung von SWCNT-Bauelementen mit hoher Integrationsdichte besteht in der Selbstassemblierung von SWCNT mittels Dielektrophorese (DEP) [100]. Abbildung 2.31 zeigt eine Prinzipskizze der DEP-Abscheidung von SWCNT.

In einem inhomogenen elektrischen Wechselfeld $\vec{E}$ gibt es eine Kraft $\vec{F}_{DEP}$ auf dielektrische Partikel in einem Medium mit der Permittivität ϵ_m. Diese DEP-Kraft kann allgemein geschrieben werden als [42]:

$$\vec{F}_{DEP} = \Gamma \cdot \epsilon_m \cdot \mathrm{Re}[K(\omega)] \cdot \nabla \left|\vec{E}\right|^2. \qquad (2.7.1)$$

Bei Γ handelt es sich um einen Geometriefaktor. Für einen sphärischen Partikel gilt $\Gamma = 2\pi r^3$. Damit ist die DEP-Kraft proportional zum Volumen des Partikels. Eine weitere Proportionalität besteht zur Permittivität des Me-

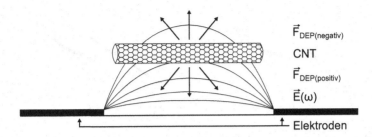

Abbildung 2.31: Schematische Darstellung der Dielektrophorese. Das elektrische Wechselfeld $\vec{E}(\omega)$ der Elektroden verursacht eine dielektrophoretische Kraftwirkung $\vec{F}_{DEP}$ auf CNT. Ist der Realteil des Clausius-Mossotti-Faktors positiv, wirkt die Kraft in Richtung des Gradienten des elektrischen Feldes. Es kommt zu einer Abscheidung der Partikel an den Elektroden, falls $\vec{F}_{DEP}$ stärker ist als die durch die Brownsche Bewegung verursachte Unordnung. Ist $\mathrm{Re}[K(\omega)]$ hingegen negativ, hat $\vec{F}_{DEP}$ einen abstoßenden Charakter.

diums ϵ_m. Der Term $\nabla \left| \vec{E} \right|^2$ bedingt, dass die DEP-Kraft in der Richtung des Gradienten des elektrischen Feldes wirkt. $\mathrm{Re}[K(\omega)]$ beschreibt den Realteil des Clausius-Mossotti-Faktors. Dieser ist im Fall sphärischer Partikel:

$$K(\omega) = \frac{\tilde{\epsilon}_p - \tilde{\epsilon}_m}{\tilde{\epsilon}_p + 2\tilde{\epsilon}_m} \qquad \text{mit} \qquad \tilde{\epsilon} = \epsilon - i\frac{\sigma}{\omega}. \qquad (2.7.2)$$

Dabei ist $\tilde{\epsilon}$ die komplexe Permittivität, die sich aus der Permittivität ϵ und der Leitfähigkeit σ, wie angegeben, als Funktion der Kreisfrequenz ω berechnet. Die Indizes p und m kennzeichnen die Permittivität und Leitfähigkeit des Partikels bzw. des Mediums.

Der Fall stäbchenförmiger Partikel wurde durch Hywel Morgan und Nicolas G. Green beschrieben. Neben einem geänderten Geometriefaktor mit $\Gamma = \frac{\pi}{6}r^2 l$ ergibt sich für den Fall eines dünnen Zylinders ($r \ll l$) [60]:

$$K(\omega) = \frac{\tilde{\epsilon}_p - \tilde{\epsilon}_m}{\tilde{\epsilon}_m}. \qquad (2.7.3)$$

Die Abhängigkeiten von der Frequenz für die Grenzfälle kleiner bzw. großer Frequenzen sind dann:

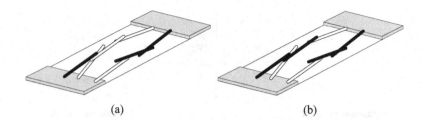

(a)   (b)

Abbildung 2.32: Schematisch Darstellung eines CNT-Netzwerks aus mSWCNT (weiß) und scSWCNT (schwarz) nach DEP-Abscheidung. Während bei der Verwendung unsortierter Dispersionen (a) metallische Verbindungen die elektrischen Eigenschaften des Netzwerks dominieren, zeigt (b) wie eine sortierte Dispersion (mit erhöhtem halbleitenden Anteil) ein Netzwerk mit halbleitenden Eigenschaften erzeugt.

$$K_0^{Zyl} = \frac{\sigma_p - \sigma_m}{\sigma_m}, \qquad K_\infty^{Zyl} = \frac{\epsilon_p - \epsilon_m}{\epsilon_m}. \qquad (2.7.4)$$

Während der Realteil des Clausius-Mossotti-Faktors für sphärische Partikel für kleine Frequenzen immer 1 ist, gibt es für hohe Frequenzen ein unterschiedliches Verhalten für halbleitende bzw. metallische Partikel. So bleibt $\mathrm{Re}[K(\omega)]$ für metallische Partikel fast 1. Für halbleitende Partikel ergibt sich allerdings eine asymptotische Annäherung an -0,5. Daher wird der Fall einer Kraftwirkung in Richtung des Gradienten des elektrischen Feldes als positive Dielektrophorese bezeichnet. Der Fall $\mathrm{Re}[K(\omega)] < 0$ hingegen wird als negative DEP bezeichnet.

Für den Fall von halbleitenden SWCNT ist $\mathrm{Re}[K(\omega)]$ bei kleinen Frequenzen positiv, aber kleiner als der Wert metallischer SWCNT. Die metallischen SWCNT erfahren bei hohen Frequenzen (MHz bis GHz) weiterhin positive Dielektrophorese, während die halbleitenden SWCNT negativer Dielektrophorese ausgesetzt sind. Erst für deutlich höhere Frequenzen wechselt auch für metallische SWCNT das Vorzeichen des Clausius-Mossotti-Faktors. Für weitere Details sei auf die Arbeit von Maria Dimaki and Peter Bøggild verwiesen [18].

Zur Selbstassemblierung von SWCNT wird eine Wechselspannung zwischen Elektroden angelegt, über denen sich eine SWCNT-Dispersion befindet [91]. Durch die DEP-Kraft lagern sich die SWCNT an den Elektroden ab und wirken wiederum als Elektroden für eine Abscheidung von weiteren SWCNT.

Auf diese Weise entsteht ein Netzwerk von SWCNT zwischen den Elektroden (siehe Abbildung 2.32). Bei der Verwendung von halbleitend angereicherten Dispersionen lassen sich so in einem Selbstassemblierungsschritt SWCNT-FET aufbauen (in Back-Gate-Bauweise, vgl. Abbildung 2.30(b)). Voraussetzung für eine erfolgreiche Assemblierung ist, dass es keinen rein metallischen Netzwerk-Pfad von einer Elektrode zur anderen gibt. In der Arbeit wird gezeigt, dass schon eine Anreicherung des halbleitenden Anteils auf 84 % ausreichend ist für die direkte Assemblierung von SWCNT-FET (vgl. Kapitel 4.3).

2.8 Biomembranen

Eine entscheidende Struktureinheit einer jeden Zelle sind Biomembranen. Diese realisieren die Trennung von innen und außen einer Zelle. Aber auch im Inneren der Zelle werden Kompartimente durch Biomembranen abgetrennt. Strukturgebendes Element ist die Doppellipidschicht, welche auch andere Bestandteile wie Proteine beinhaltet. Die amphiphilen Lipide richten dabei ihren hydrophilen Teil zu den wässrigen Umgebungen aus. Die hydrophoben Teile bilden das Innere der Membran. Aber auch innerhalb der Zelle stellen Biomembranen Reaktionsräume her, die vom Rest der Zelle getrennt sind. Ein Beispiel ist der Golgi-Apparat. Biomembranen realisieren aber nicht nur die Trennung von Stoffen, vielmehr sind sie für die Transportkontrolle und für den Ablauf einer Vielzahl von Reaktionen wichtig. Beispielsweise existieren Ionen-Pumpen, die unter ATP-Verbrauch $3\,Na^+$-Ionen und $2\,K^+$-Ionen in entgegengesetzter Richtung durch die Membran befördern [33].

Außerdem findet ein Austausch von Boten- und Nährstoffen mit der Umgebung durch die Membranen hindurch statt. Für all diese Zwecke sind eine Vielzahl von Proteinen in die Membranen integriert. Sie stellen medizinisch gesehen eine gute Möglichkeit dar, den Stofftransport und die Kommunikation von Zellen zu beeinflussen. Dieser Umstand wird dadurch illustriert, dass der Großteil der verkauften Medikamente auf in der Membran verortete Proteine - direkt oder indirekt - abzielt [70, 75].

Das erste Modell zur Verteilung der Proteine und der weiteren Bausteine war das homogene *fluid mosaic*-Modell [84]. Durch die Einführung von Heterogenität wurde diese Anschauung verfeinert, wobei entweder den Lipiden oder den Proteinen die Führungsrolle zugeschrieben wurde. Diese Modellvorstellung wird unter dem Licht neuer Experimente bezüglich der Lipid-Protein-Wechselwirkungen neu bewertet [82]. Die Wechselwirkungen reichen von spezifischen chemischen bis hin zu unspezifischen rein physikalischen Wechselwirkungen.

Für die Untersuchung von Biomembranen gibt es prinzipiell zwei Ansätze. Zum einen das Studium von Biomembranen aus Zellen mit all ihren Bestandteilen und zum anderen das Studium von Modellmembranen mit stark vereinfachter Zusammensetzung. Zu den Modellsystemen für Biomembranen gehören unter anderem Liposome (kugelförmige Anordnung) und die substratunterstützte Doppellipidschicht - *supported lipid bilayer* (SLB) [13]. In der vorliegenden Arbeit wurden SLB verwendet.

Ein wichtiges Merkmal der Doppellipidschichten ist deren Krümmung. Zum Beispiel wird angenommen, dass die Krümmung von Vesikeln als Erkennungsmerkmal beim Stofftransport von einem Kompartiment zum nächsten im Golgi-Apparat genutzt wird [21, 37]. Eine wichtige Protein-Familie im Zusammenhang mit Membrankrümmung sind die BAR-Proteine. Sie besitzen Bin–Amphiphysin–Rvs (BAR)-Domänen. Das ist eine Abfolge von Aminosäuresequenzen des Proteins Amphiphysin, die in sehr ähnlicher Form bei verschiedenen Spezies vom Menschen bis hin zu Hefen vorkommt. Ähnliche Abfolgen gibt es bei Endophilin oder Nadrin [73].

Am *C*-Terminus der BAR-Proteine treten ganz unterschiedliche Funktionalisierungen auf. Häufig sind *Src-homology 3* (SH3)-Domänen angehängt. Diese Domäne steht im Zusammenhang mit dem Gerüstbau der Zelle [16, 73]. Durch Gen-Knockout der BAR-Domäne in dem BAR-Protein Amphiphysin konnte gezeigt werden, dass Zellen, die im ‚*wild type*' eine längliche Form besitzen, durch den Knockout eine rundlich, ovale Form be-

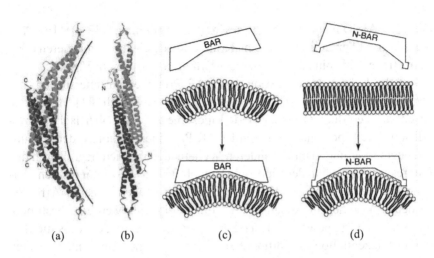

(a)   (b)   (c)   (d)

Abbildung 2.33: Die Abbildungen (a) und (b) zeigen die Tertiärstruktur der konkav gekrümmten BAR-Domäne von *Drosophila Amphiphysin*. Die schwarze Linie entspricht einer Krümmung mit dem Radius 22 nm. Die Abbildung (b) ist so gedreht, dass der Blick auf die konkave Seite gerichtet ist [73]. Das Schema in (c) stellt den Fall der Krümmungsdetektion durch eine BAR-Domäne dar. (d) zeigt die Erzeugung von Krümmung durch den Einschub einer am N-Terminus der BAR-Domäne befindlichen α-Helix [16].

kommen. Genauso führt die übermäßige Expression des Proteins zu sehr feinen netzartigen Zellformen [73].

Die BAR-Sequenz beinhaltet eine Wiederholung. Dadurch entsteht ein Dimer, welches nach der Faltung konkav oder konvex gekrümmt ist (vgl. Abbildung 2.33(a) und 2.33(b)). Zunächst wurde angenommen, dass BAR-Proteine im Zusammenhang mit ihrer eigenen Krümmung durch elektrostatische Wechselwirkungen mit negativ geladenen Phospholipiden die Krümmung der Membran aufspüren (vgl. Abbildung 2.33(c)) [73]. Es gibt aber auch BAR-Proteine mit einer amphiphilen Helix am N-Terminus. Diese können mit ihrem hydrophoben Teil in Defekte der Membran eindringen. Eine Konformationsänderung induziert dann aus geometrischen Gründen eine Krümmung in der Membran, die wiederum durch das gekrümmte Dimer der BAR-Domänen stabilisiert wird (vgl. Abbildung 2.33(d)) [16]. Auf diese Weise können BAR-Proteine Krümmung detektieren, induzieren oder stabilisieren - bis hin zum Ausbau der Krümmung zu einem Vesikel.

Um die Krümmungsdetektion von BAR-Proteinen zu untersuchen, haben Niko Hatzakis und Kollegen eine Methode entwickelt [31]. Bei ihrem Ansatz werden fluoreszenzmarkierte Liposome auf einer Oberfläche immobilisiert. Die Liposome werden mit BAR-Proteinen inkubiert, deren Fluoreszenzmarkierung in einem anderen Wellenlängenbereich liegt. Durch die Fluoreszenz-Intensität der Liposome kann ihr Radius bestimmt werden. Anhand der Fluoreszenz der BAR-Proteine kann wiederum deren Affinität zu den Liposomen in Abhängigkeit vom Radius der Membran bestimmt werden. Die Gruppe von N. Hatzakis hat so herausgefunden, dass die Sättigungskonzentration proportional zu $r^{-1,3}$ ist. Außerdem konnte gezeigt werden, dass die Proteine ihre Fähigkeit zur Krümmungsdetektion verlieren, wenn in der Aminosäuresequenz der amphiphilen Helices hydrophobe Anteile (z.B. Phenylalanin) durch hydrophile Teile (z.B. Glutaminsäure) ersetzt werden [6]. Die Affinität zur gekrümmten Membran hängt somit weniger mit der Krümmung des BAR-Proteins zusammen, sondern vielmehr mit den hydrophoben Anteilen der α-Helices an den BAR-Domänen.

Das Fluoreszenzmolekül C_{16}-Fluorescein, mit hydrophober C_{16}-Kette, weist eine ganz ähnliche Eignung zur Krümmungsdetektion wie die BAR-Proteine auf [31].

In der vorliegenden Arbeit wurden deshalb zunächst Experimente mit dem kostengünstigeren C_{16}-Fluorescein durchgeführt, um Krümmung in SLB zu detektieren. In weiteren Experimenten konnte dann die selektive Anbindung synthetischer Proteine mit α-Helix in gekrümmten Bereichen gezeigt werden (vgl. Kapitel 4.5).

2.9 SWCNT-Biosensoren

In der Abbildung 2.34(a) ist schematisch ein möglicher Biosensor-Aufbau gezeigt. Als Funktionalisierung werden flächig aufgebrachte Rezepetor-Moleküle oder Antikörper verwendet. Durch eine spezifische Bindung des Analyten kommt es zu einer elektrostatischen Änderung der Oberfläche. Dadurch wird die Leitfähigkeit der Halbleiterschicht geändert, was sich elektronisch detektieren lässt.

Eine Weiterentwicklung stellt der SWCNT-FET-Biosensor dar, bei dem in ähnlicher Weise eine flächige Funktionalisierung vorgenommen wird (siehe Abbildung 2.34(b)). In diesem Fall sorgt ebenfalls die Anbindung des Analyten für eine elektrostatische Änderung der Oberfläche. Aufgrund der ähnlichen Größen von Analyt und SWCNT (Durchmesser) kann die Leitfähigkeit schon durch einzelne Analyt-Moleküle messbar geändert werden [28, 54]. Die höhere Sensitivität der SWCNT liegt zudem darin begründet, dass die elektrische Leitung in bzw. auf der Mantelfläche stattfindet. Dadurch wird eine direktere Einflussnahme von Ladungen des Analyten auf den Sensor erwartet. Das Sensorprinzip von Abbildung 2.34(b) ist auf eine Vielzahl von Analyten angewendet worden [38].

Eine spezielle Möglichkeit der Funktionalisierung haben Shih-Chieh J. Huang und Kollegen genutzt, um in Biomembranen verankerte Ionen-Pumpen zu untersuchen [33]. Sie nutzten über SWCNT-FET abgelegte SLB in denen sie Na^+/K^+-ATPasen integrierten. Indem sie ATP-Lösungen über den Bilayer strömten, wurden die Ionen-Pumpen aktiviert und der SWCNT-FET geschaltet.

In der vorliegenden Arbeit wurde ein ähnlicher Aufbau verwendet um krümmungsensitive Proteine in der Nähe der SWCNT zu immobilisieren (siehe Abbildung 2.34(c)). So wurde ebenfalls ein Aufbau mit einem SLB abgedeckt, der sich als SWCNT-FET eignet. Anschließend wurde der SLB mit krümmungsensitiven Proteinen inkubiert. Es konnte gezeigt werden, dass es durch Selbstassemblierung zu einer Anreicherung der Proteine in der Nähe der SWCNT kommt.

Die Proteinsequenz wurde so gewählt, dass eine flexible Anbindung funktionaler Gruppen möglich ist. Dadurch wird eine Plattform zur Verfügung gestellt, die durch Selbstassemblierung die Immobilisierung verschiedenster Rezeptoren in unmittelbarer Nähe zu den SWCNT ermöglicht.

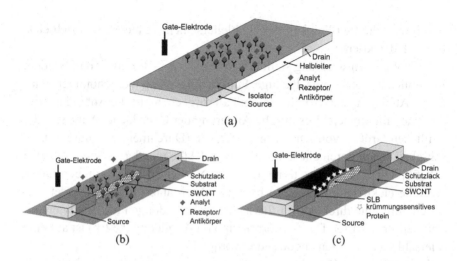

Abbildung 2.34: Die Abbildung (a) zeigt eine mögliche Bauweise eines Biosensors. Ein SWCNT-Biosensor ist in (b) skizziert. In der vorliegenden Arbeit wurde das in Abbildung (c) dargestellte Setup
entwickelt. Krümmungsensitive Proteine ordnen sich in einem
Selbstassemblierungsprozess über den SWCNT an, um eine
Funktionalisierung entlang der SWCNT zu ermöglichen.

2.10 Fluoreszenzregeneration

Die Methode der FRAP zur Bestimmung der Diffusionskonstante in einem
2-dimensionalen Lipidfilm ist seit den 1970er Jahren bekannt [3]. Die Abbildung 2.35 zeigt das Vorgehen schematisch. Ein SLB, der zum Teil fluores-
zenz-gelabelte Lipide enthält, wird durch einen Lichtpuls mit hoher Intensität in einem definierten Bereich gebleicht. Die Fluoreszenzmarker werden
durch die Bleichung in diesem Spot weitgehend zerstört, woraus ein dunkler
Bereich zum Zeitpunkt $t = 0$ resultiert.

Quantitativ wird die Bleichung in der Zeit T durch den Bleichparameter
K und die Bleichrate αI beschrieben:

$$K = \alpha T I(0). \tag{2.10.1}$$

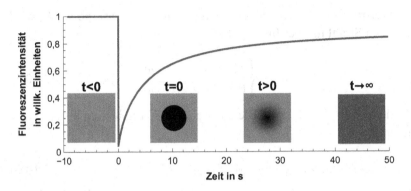

Abbildung 2.35: Schematische Darstellung eines FRAP-Experiments.

Anschließend kommt es durch Diffusion innerhalb des SLB zu einer Regeneration der Fluoreszenzintensität in der gebleichten Region. Durch den zeitlichen Verlauf der Regeneration kann mit Hilfe einer Fitfunktion die Diffusionskonstante für die gelabelten Lipide bestimmt werden. Hier soll die mathematische Grundlage in der Form, wie sie von D. Axelrod beschrieben wurde, gezeigt werden [3]. Anschließend wird der Übergang von D. M. Soumpasis zu einer mathematisch praktikableren Lösung gezeigt, so wie sie in der vorliegenden Arbeit zum Fitten der Fluoreszenzintensität als Funktion der Zeit verwendet wurde (vgl. Kapitel 4.4.1) [86].

Für die isotrope Diffusion gilt das zweite Fick'sche Gesetz:

$$\frac{\partial C}{\partial t} = \nabla \cdot (D\nabla C). \qquad (2.10.2)$$

Die Konzentration C muss demzufolge im radialsymmetrischen Fall folgende Gleichung erfüllen:

$$\frac{\partial C}{\partial t} = D\frac{1}{r}\frac{\partial}{\partial r}\left(r\frac{\partial C}{\partial r}\right). \qquad (2.10.3)$$

Zur Vereinfachung wird angenommen, dass die Konzentration C in unendlicher Entfernung konstant ist. Diese Randbedingung lautet:

$$C_K(\infty,t) = C_0. \qquad (2.10.4)$$

Das kreisrunde Bleichen mit dem Radius w und dem Laserpower P_0 wird durch einen Strahl mit der Intensität $I(r)$ erreicht:

$$I(r) = \begin{cases} P_0/\pi w^2, & r \leq w \\ 0, & r > w. \end{cases} \tag{2.10.5}$$

Mit dem oben eingeführten Bleichparameter K ergibt sich als Anfangsbedingung:

$$C_K(r,0) = C_0 \exp\{-\alpha T I(r)\} = C_0 \cdot e^{-K}. \tag{2.10.6}$$

Da experimentell die Fluoreszenzintensität gemessen wird und nicht die Konzentration, wird die Fluoreszenz-Zeit-Funktion $F_K(t)$ eingeführt:

$$F_K(t) = \frac{q}{A} \int I(r) C_K(r,t) d^2r. \tag{2.10.7}$$

Die Quanteneffizienz wird durch q beschrieben. A ist ein Dämpfungsfaktor für den Laserstrahl. $C_K(r,t)$ beschreibt die Konzentration der ungebleichten Fluoreszenzmoleküle mit radialem Abstand r vom Bleichzentrum zur Zeit t. Um Experimente untereinander leichter vergleichen zu können, wird eine Normierung auf die fraktionale Fluoreszenzregeneration $f_k(t)$ durchgeführt:

$$f_K(t) = \frac{F_K(t) - F_K(0)}{F_K(\infty) - F_K(0)}. \tag{2.10.8}$$

Die Lösung des so formulierten Problems ist durch die folgende Gleichung gegeben [3]:

$$\begin{aligned} f_K(t) = & 1 - \frac{\tau_D}{t} \exp(-2\tau_D/t)[I_0(2\tau_D/t) + I_1(2\tau_D/t)] \\ & + 2\sum_{k=0}^{\infty} \frac{(-1)^k (2k+2)! (k+1)!}{(k!)^2[(k+2)!]^2} \left(\frac{\tau_D}{t}\right)^{k+2}. \end{aligned} \tag{2.10.9}$$

Die charakteristische Diffusionszeit $\tau_D = w^2/4D$ stellt den Bezug zur Diffusionskonstante D her. I_0 und I_1 bezeichnen die nullte bzw. die erste modifizierte Bessel-Funktion.

D. M. Soumpasis hat darauf hingewiesen, dass diese Lösung zu einer Reihe Problemen führt. Zum einen kommt es zu einer Singularität bei $t = 0$. Zum anderen ist die Auswertung im Bereich $t < 0,1\,\tau_D$ problematisch [86]. Statt ungebleichte Moleküle zu betrachten, ergibt sich eine Lösung aus der Diffusion der gebleichten Moleküle aus dem Bleichspot heraus, die für die numerische Auswertung besser geeignet ist.

Die Anzahl markierter Moleküle bleibt erhalten, da lediglich die Markierung geblichen wird:

$$C_k(r,t) + C_k^*(r,t) = C_0. \tag{2.10.10}$$

Die Randbedingung lautet nun für die geblichenen Lipide mit der Konzentration $C_k'^*(r,t)$:

$$C_k^*(r,0) = \begin{cases} C_0\left(1 - \mathrm{e}^{-K}\right), & r \le w \\ 0, & r > w. \end{cases} \tag{2.10.11}$$

Eine integrale Lösung für das umformulierte Problem lautet [86]:

$$C_k^*(r,t) = \frac{1}{2Dt} \int_0^\infty dr'\, r'\, C_k^*(r,0) \exp\left(-\frac{r^2 + r'^2}{4Dt}\right) I_0\left(\frac{rr'}{2Dt}\right). \tag{2.10.12}$$

Durch Umformung der Integrale und das Einsetzen der Anfangsbedingungen ergibt sich nach einigen Rechenschritten die folgende Gleichung für die fraktionale Fluoreszenzregeneration, die somit den theoretischen Verlauf der fraktionalen Fluoreszenzregeneration angibt [86]:

$$f(t) = \exp(-2\tau_D/t)[I_0(2\tau_D/t) + I_1(2\tau_D/t)]. \tag{2.10.13}$$

In der praktischen Umsetzung muss eine weitere Normierung vorgenommen werden, um das theoretische Ergebnis mit experimentellen Werten $F_{FRAP}(t)$ vergleichen zu können. In der Praxis weist der Hintergrund eine Fluoreszenz F_{Eigen} auf und es kommt zu einer partiellen Bleichung markierter Moleküle während jeder Bildaquise (zu den entsprechenden Messzeitpunkten bspw. aller $0.5\,\mathrm{s}$) [74]. Dieses Verblassen der Bilder wird durch eine Normierung auf die Gesamtintensität der Aufnahme ohne Bleichspot $F_{Gesamt}(t)$ korrigiert:

$$F_{FRAP-norm}(t) = \frac{F_{Gesamt}(t < 0)}{F_{Gesamt}(t) - F_{Eigen}(t)} \times \frac{F_{FRAP}(t) - F_{Eigen}(t)}{F_{FRAP}(t < 0)}.$$

$$(2.10.14)$$

Für die fraktionale Darstellung folgt:

$$f_{FRAP-norm}(t) = \frac{F_{FRAP-norm}(t) - F_{FRAP-norm}(t = 0)}{F_{FRAP-norm}(t < 0) - F_{FRAP-norm}(t = 0)}.$$

$$(2.10.15)$$

Die Fitfunktion enthält noch zwei weitere Parameter A und B zur Renormierung. B gibt die Fluoreszenz direkt nach dem Bleichen an (vgl. Gleichung 2.10.1):

$$f_{FRAP-norm}(t) = A * \exp(-2\tau_D/t)[I_0(2\tau_D/t) + I_1(2\tau_D/t)] + B.$$

$$(2.10.16)$$

Die mobile Fraktion M_{mob} der gelabelten Lipide ergibt sich als $M_{mob} = A + B$. Die Funktion 2.10.16 wurde genutzt, um aus dem Fit der experimentellen Daten die Diffusionskonstate zu bestimmen. Durch das Fitten wird die Zeitkonstante $\tau_D = w^2/4D$ erhalten, wodurch D berechnet werden kann. Auffällig ist, dass die Gleichung 2.10.16 ohne Bleichparameter auskommt, wodurch eine aufwendige Bestimmung von Equipmentparametern entfällt.

3 Materialien und Methoden

3.1 Aufbereitung der Kohlenstoffnanoröhren

3.1.1 Material

In den Experimenten wurden Kohlenstoffnanoröhren aus unterschiedlichen Herstellungsverfahren verwendet. UV/VIS/NIR-Spektren von Dispersionen der verschiedenen Materialien sind in der Abbildung 3.1 gezeigt.

Mit dem HiPCO-Prozess hergestellte SWCNT wurden von der Firma Unidym Inc. erworben. Nach Herstellerangaben besitzen die Nanoröhren Durchmesser von 0.8 nm bis 1.2 nm.

Von der Firma Sigma Aldrich wurden diverse Proben von SWCNT aus einem Co-Mo katalytischen CVD Verfahren (CoMoCAT) bezogen. Darunter war eine Probe, die mit ihren Durchmessern von 0.7 nm bis 1.4 nm laut Herstellerangaben eine breitere Verteilung der Durchmesser als bei den

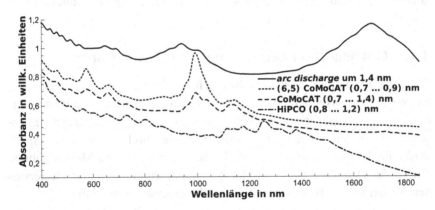

Abbildung 3.1: UV/VIS/NIR-Spektren von SWCNT aus unterschiedlichen Herstellungsverfahren.

HiPCO-SWCNT aufweist. Eine weitere Probe enthielt zu einem großen Anteil Röhren der Chiralität (6,5) und hatte Durchmesser zwischen 0.7 nm und 0.9 nm.

Vom Fraunhofer-Institut für Werkstoff- und Strahltechnik wurden CNT aus dem *arc discharge*-Verfahren zur Verfügung gestellt. Diese SWCNT haben Durchmesser um 1.4 nm.

3.1.2 Dispergierung von Kohlenstoffnanoröhren

Dispersionen von SWCNT wurden durch die Zugabe von dem SWCNT-Rohmaterial zu Reinstwasser mit 2 wt% eines Tensids hergestellt und durch Ultraschall vereinzelt (20 min, 20 %, Branson 250D, Ultraschall Desintegrator mit einer 5 mm Spitze). Alle Tenside wurden bei der Firma Sigma Aldrich gekauft. Für HiPCO- und CoMoCAT-SWCNT wurde *sodium dodecyl sulfate* (SDS) verwendet. Dispersionen von *arc discharge*-SWCNT wurden mit *sodium desoxycholate* (DOC) hergestellt.

Bündel von SWCNT und Agglomerate wurden durch einen anschließenden Ultrazentrifugationsschritt entfernt. Sowohl die HiPCO- als auch die CoMoCAT-Dispersionen wurden dabei wesentlich intensiver zentrifugiert (1 h, 50 000 rpm, relative Zentrifugalbeschleunigung RZB = 200 620, Beckman Coulter MLS50 Rotor) als *arc discharge*-SWCNT (42 000 rpm, 1 h, relative Zentrifugalbeschleunigung RZB = 141 557, Beckman Coulter MLS50 Rotor).

3.1.3 Optische Charakterisierung von Dispersionen

Das folgende Kapitel nimmt die Reihenfolge der Charakterisierungen auf, wie sie in der Praxis durchgeführt wurden. Zunächst wurde die Photolumineszenz von Dispersionen der verschiedenen Ausgangsmaterialien gemessen. Anschließend fand eine Charakterisierung durch UV/VIS/NIR-Spektroskopie der gleichen Proben statt. Diese beiden optischen Messverfahren liefern die Daten für eine vollständige Untersuchung sortierter Dispersionen, wobei lediglich der UV/VIS-Bereich gemessen werden muss.

Photolumineszenz

Die Photolumineszenz wurde mit einem Fluorolog 3 der Firma Horiba unter Verwendung einer Quarzglasküvette mit 1 cm Kantenlänge gemessen. Die Küvette erforderte eine Befüllung mit 4 mL einer Dispersion. Durch Verdünnung der Dispersionen wurde versucht, das Messsignal zu optimieren. Bei zu hoher SWCNT-Konzentration ist die optische Dichte so hoch, dass zu viel Licht auf dem Weg durch die Küvette absorbiert wird. Bei zu niedriger Konzentration verschlechtert sich das Signal-zu-Rausch-Verhältnis. Die Verdünnung wurde so gewählt, dass der Kontrast zwischen Peaks und Untergrund maximal war. Die Aufnahme der Spektren erfolgte aller 3 nm im Bereich der Anregungswellenlänge mit Messpunkten in 3 nm-Schritten für die Emission. Die Integrationszeit betrug 0.1 s. Die Messung der Emission erfolgte in einem 90°-Winkel zur Anregung. Durch Streueffekte kommt in allen Spektren eine sehr hohe Emission vor, wenn die Anregung der Emission gleicht. Für ein hinreichend hohes Messsignal mussten die Spaltbreiten für die Anregung auf 14 nm und für die Emission auf 29 nm gestellt werden.

Für die Messung der PL muss schweres Wasser D_2O als Dispersionsmedium verwendet werden, weil es keine störende Absorptionsbande im infraroten Bereich aufweist.

UV/VIS/NIR-Spektroskopie

UV/VIS/NIR-Spektren wurden mit einem Cary 100 Bio der Firma Varian Inc. unter Verwendung einer Quarzglasküvette mit 1 cm optischer Weglänge aufgenommen. Diese Küvette benötigt mehr als 1 mL Flüssigkeit. Für die UV/VIS/NIR-Messung musste ebenfalls D_2O als Dispersionsmedium verwendet werden. Durch Verdünnung (mit D_2O mit 2 wt% des Tensids) wurde die Absorbanz der zu messenden Probe gegebenenfalls angepasst, so dass diese den Wert 1 im relevanten Bereich nicht überstieg.

UV/VIS-Spektroskopie

Zur Aufnahme von UV/VIS-Spektren wurde ein Cary 50 Bio der Firma Varian Inc. mit UVette Küvetten von der Eppendorf AG mit 1 cm optischer Weglänge verwendet. Diese Küvetten eignen sich für die Analyse von

Flüßigkeitsmengen ≥ 50 L. Bei sehr starker Absorption wurden die Proben verdünnt (mit Reinstwasser mit 2 wt% des Tensids), sodass die Absorbanz den Wert 1 im relevanten Bereich nicht überstieg.

Quantitative Charakterisierung von Dispersionen mittels Absorptionsspektroskopie

Für die detaillierte Charakterisierung der Dispersionen wurden mit Hilfe der Photolumineszenz einzelne Chiralitäten anhand ihrer Absorptions- und Emissionsenergien identifiziert. Die Zusammenstellung der auf diese Weise gefundenen scSWCNT lässt es zu, geometrisch ähnliche und somit auch in der Probe vorhandene scSWCNT zu identifizieren. Anhand der geometrischen Ähnlichkeit wurden auch mSWCNT ausgewählt (vgl. z.B. Abbildung 4.1). Durch diese Informationen ergibt sich ein Set von Absorptionsenergien für die Übergänge E_{11}^S, E_{22}^S und E_{11}^M (vgl. z.B. 4.2 und 4.3). Durch den Vergleich der Intensität von E_{11}^S und E_{22}^S können sich im Zweifelsfall scSWCNT identifizieren lassen, die keine Photolumineszenz gezeigt haben. Das kann zum Beispiel bei scSWCNT mit sehr kleinem Chrialitätswinkel der Fall sein (vgl. Kapitel 2.3.3).

In einem nächsten Schritt wurde die Ableitung der Absorbanz gebildet. In der Ableitung lassen sich lokale Maxima und Minima in der Nähe der zuvor identifizierten Absorptionslinien finden. Durch die Berechnung der Differenz von Maximum und Minimum in der Umgebung der Absorptionslinie ergibt sich ein Wert, der näherungsweise proportional zur Absorptionsintensität ist (vgl. Kapitel 2.3.2).

Dem Verfahren liegt die Näherung von Lorentz- durch Gauß-Peaks zugrunde. In der Abbildung 2.12 sind die unterschiedlichen Fitkurven für das Beispiel einer (6,5) CoMoCAT-Dispersion gezeigt. Die berechneten Flächen unter den Kurven betragen 18,36 (Lorentz) bzw. 18,35 (Gauß). Der reale Wert ist 18,36. Daraus wird ersichtlich, dass diese Näherung nur einen Fehler im Promille-Bereich verursachen wird.

Im Kapitel 2.3.2 wurden die π-Plasmonen einem Maximum bei 180 nm bis 275 nm angesprochen. Üblicherweise wird bei der Analyse von UV/VIS-Spektren ein Fit für diesen Teil der Absorption als Untergrund abgezogen. In der vorliegenden Arbeit kann darauf verzichtet werden, da ein linearer

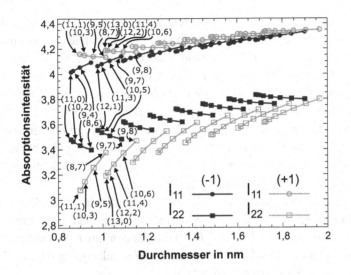

Abbildung 3.2: Zuordnung der Absorptionsintensitäten. Die Abbildung zeigt die Absorptionsintensitäten für $\xi \geq 22$. Die Chiralitäten wurden durch die Durchmesser und Gruppenzugehörigkeit identifiziert.

Untergrund keinen Einfluß auf die Auswertung hat. Diese Annhame des linearen Untergrunds, trifft besonders im Bereich der E_{11}^{S} zu. Kritischer ist diese Annahme für den Bereich E_{11}^{M}, aber auch da lässt sich der π-Untergrund abschnittsweise linear nähern und hat somit keinen Einfluss auf die hier genutzte Auswertung.

Um einen zur Menge der entsprechenden SWCNT proportionalen Wert zu erhalten, wurden die Werte durch theoretische Absorptionsintensitäten dividiert. Die Absorptionsintensitäten stammen aus der Arbeit von Eike Verdenhalven und Ermin Malić [99]. In der Abbildung 3.2 können die Absorptionsintensitäten der SWCNT der Gruppen mit $\xi \geq 22$ abgelesen werden. Die Absorptionsintensitäten für SWCNT mit kleineren ξ wurden freundlicher Weise durch E. Verdenhalven zur Verfügung gestellt. Die für die Berechnung der Anteile genutzten Werte sind in der Tabelle 3.1.1 aufgelistet.

Die Übergangsenergien E_{11}^M liegen deutlich dichter zusammen. Für die metallischen SWCNT wurde deshalb für alle Übergänge eine gemittelte Intensität von 2,1 genutzt. Mit diesem Wert beträgt die Abweichung für einzelne Röhren im ungünstigsten Fall bis zu 25 %.

Falls sich Übergänge nicht voneinander trennen ließen, wurden Mittelwerte der Absorptionsintensitäten genutzt. Dabei ist der Fehler im Fall von E_{11}^S-Übergängen geringer als für E_{22}^S-Übergänge aufgrund der geringeren Durchmesserabhängigkeit. In der Regel handelt es sich jedoch nur um Unterschiede im Bereich von höchstens 3 % der Intensität. Für die E_{11}^S Übergänge liegen die Abweichungen im Bereich von etwa 1 %.

Bei einer Überlappung von E_{11}^M und E_{22}^S wurde der Bereich aus der Betrachtung herausgelassen. Im Fall der *arc discharge*-SWCNT gibt es auch eine Überlappung von E_{33}^S und E_{44}^S Übergängen mit E_{11}^M. Dadurch ist der Bereich reiner metallischer Absorption auf Wellenlängen größer als 556 nm begrenzt (E_{33}^M einer (13,8) Nanoröhre).

Tabelle 3.1.1: Zusammenstellung berechneter Absorptionsintensitäten für scSWCNT für E_{11}^S- und E_{22}^S-Übergänge [87, 98, 99, 102].

	d in nm	I_{11}^S in willk. Einh.	I_{22}^S in willk. Einh.
$\xi = 17$			
(6,5)	0,757	3,31	2.55
(7,3)	0,706	2,90	2,05
(8,1)	0,678	2.68	1,79
$\xi = 19$			
(7,5)	0,829	3,96	3,24
(8,3)	0,782	3,49	2,92
(9,1)	0,757	3,26	2,76
$\xi = 20$			
(7,6)	0,895	4,70	3,73
(8,4)	0,840	4,15	3,13
(9,2)	0,806	3,84	2,76
(10,0)	0,794	3,69	2,63
$\xi = 22$			
(8,6)	0,966	4,09	3,40
(9,4)	0,961	4,05	3,43
(10,2)	0,884	4,03	3,46
(11,0)	0,873	4,02	3,48
$\xi = 23$			
(8,7)	1,032	4,13	3,38
(9,5)	0,976	4,14	3,26
(10,3)	0,936	4,15	3,15
(11,1)	0,916	4,16	3,08
$\xi = 25$			
(9,7)	1,103	4,14	3,48
(10,5)	1,050	4,11	3,51
(11,3)	1,014	4,08	3,54
(12,1)	0,995	4,07	3,55
$\xi = 26$			
			Fortsetzung auf der nächsten Seite

	d in nm	I_{11}^S in willk. Einh.	I_{22}^S in willk. Einh.
(9,8)	1,170	4,17	3,47
(10,6)	1,111	4,18	3,37
(11,4)	1,068	4,18	3,29
(12,2)	1,041	4,19	3,22
(13,0)	1,032	4,19	3,19
$\xi = 28$			
(10,8)	1,240	4,18	3,56
(11,6)	1,186	4,15	3,58
(12,4)	1,145	4,13	3,60
(13,2)	1,120	4,11	3,61
(14,0)	1,111	4,11	3,62
$\xi = 29$			
(10,9)	1,307	4,21	3,55
(11,7)	1,248	4,21	3,47
(12,5)	1,201	4,21	3,39
(13,3)	1,170	4,22	3,33
(14,1)	1,153	4,22	3,30

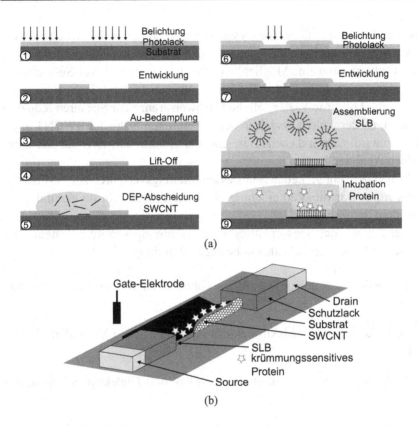

Abbildung 3.3: Die Abbildung (a) skizziert die notwendigen Arbeitsschritte, um die Sensorplattform (b) aufzubauen.

3.2 Aufbau der Sensorplattform

Die Abbildung 3.3(a) zeigt die Arbeitschritte, die für die Assemblierung der Sensorplattform (siehe Abbildung 3.3(b)) notwendig sind. Die Sensorplattform nutzt prinzipiell den Aufbau eines SWCNT-FET, wie er für die Detektion verschiedenster Substanzen bereits Anwendung fand [28, 54].

Gegenstand der Arbeit war zum einen die Entwicklung einer neuen Methode der selbstorganisierten Funktionalisierung. So soll die Messung an krümmungssensitiven Membranproteinen möglich gemacht werden. Zum anderen lassen sich über eine Cystein-Gruppe an den in der Arbeit verwendeten Proteinsequenzen weitgehend beliebige Funktionalisierungen anbringen. Dadurch kann eine Möglichkeit aufgezeigt werden, durch Selbstassemblierung einen SWCNT-FET-Biosensor mit einer 1d-Funktionalisierung auszustatten. Auf diese Weise soll die Nachweisgrenze der Sensoren reduziert werden, da der Analyt gezielt in der gekrümmten Nähe der SWCNT angebunden wird, während ebene Bereiche nicht funktionalisiert sind und somit keinen Analyten binden.

Neben dem entwickelten Selbstassemblierungsverfahren zur 1d-Funktionalisierung war die Verbesserung einzelner Prozessschritte ebenfalls Gegenstand der Arbeit.

Der Aufbau der Sensorplattform für krümmungssensitive Proteine umfasste die folgenden Schritte (siehe auch Abbildung 3.3(a)):

- die Sortierung von Kohlenstoffnanoröhren nach elektrischen Eigenschaften,

- die Herstellung von Elektroden mit lithographischen Methoden (Ziffern 1 bis 4),

- die Abscheidung der sortierten SWCNT mittels Dielektrophorese (Ziffer 5),

- die Isolation der Elektroden von der umgebenden Flüssigkeit durch das Aufbringen einer lithographisch strukturierten Lackschicht (Ziffern 6 und 7),

- die Assemblierung eines SLB (Ziffer 8),

- die Inkubation des SLB mit Molekülen oder Proteinen (Ziffer 9).

Die Details der Durchführung dieser Schritte sind in den folgenden Unterkapiteln dargestellt. In der Arbeit wurde versucht die Elektroden mittels Laserlithographie zu isolieren. Dabei kam es zu Schwierigkeiten beim Alignment der beiden Layer, die aus Zeitgründen nicht gelöst werden konnten. Da Alternativen, wie Elektronenstrahllithographie zur Verfügung stehen, findet dieser Aspekt ferner keine Berücksichtigung [45].

3.2.1 Gel-Chromatographie

Die Durchführung der Gel-Chromatographie orientiert sich an einer Methode nach Liu et al. [51]. Zunächst wurde bei einer 12 mL Einwegspritze etwas Watte vor der Kanüle platziert. Anschließend wurden 1.4 mL des Gels Sephacryl S-200 HR von VWR International GmbH von oben in die Spritze gegeben. Da das Gel in 20 % Ethanol stabilisiert war, folgte ein Spülschritt mit reichlich Reinstwasser mit 0.5 wt% SDS. Im Anschluss erfolgte die Beladung des Gels. Dazu wurde entweder eine kleine Menge (1 mL) einer Dispersion auf das Gel gegeben, oder es wurde überladen, indem 4 mL einer Dispersion verwendet wurden. Nach dem Passieren des Gels wurde die Dispersion wieder aufgenommen und als ,metallisch angereichert' bezeichnet. Reste der Ausgangsdispersion wurden dann durch einen weiteren Waschschritt mit niedriger Tensidkonzentration von 0.5 wt% SDS herausgespült, bis der Ausfluss augenscheinlich transparent war.

Halbleitende SWCNT wurden durch Zugabe von Reinstwasser mit einer hohen Tensidkonzentration von 5 wt% SDS von der stationären Phase abgelöst und als ,halbleitend angereichert' gekennzeichnet. Wasser wurde im gesamten Versuchsverlauf gegen schweres Wasser (D_2O) ausgetauscht, wenn später Photolumineszenz gemessen werden sollte.

3.2.2 Lithographische Herstellung von Goldelektroden

Elektrodenstrukturen wurden mittels Laserlithographie und anschließendem Lift-Off-Prozess hergestellt (vgl. Abbildung 3.3(a), Ziffern 1 bis 4). Je nach Experiment kamen Deckgläschen oder Waverstücke zum Einsatz. Die verwendeten Stücke eines mit Phosphor und Bor dotierten Siliziumwavers hatten einen Widerstand ρ zwischen $20\,\Omega\,cm^{-1}$ und $30\,\Omega\,cm^{-1}$ und zudem eine 300 nm dicke thermische Siliziumdioxidschicht. Eine Reinigung erfolgte durch eine Behandlung für 5 min in Peroxomonoschwefelsäure (Piranha-Lösung) gefolgt von kräftigem Spülen mit Reinstwasser und einer Trocknung mittels Stickstoff. Mit einem *spin coater* (SUSS MicroTec) wurde der Lack AR-P 5350 von der Firma ALLRESIST GmbH aufgebracht und auf einer *hot plate* mit 105 °C innerhalb von 4 min gebacken.

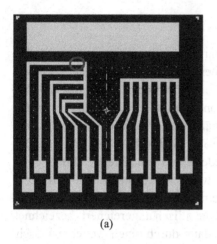
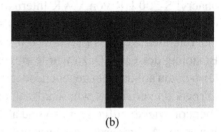

(a)   (b)

Abbildung 3.4: Layout der lithographisch hergestellten Elektrodenstrukturen. Auf der linken Seite der Abbildung (a) befinden sich senkrecht angeordnet 6 Elektrodenpaare mit einem Abstand von 5 m. Im rechten Teil sind die Elektrodenpaare waagerecht angeordnet. Die Abbildung (b) zeigt die Vergrößerung des eingekreisten Bereichs. Es wurden die grauen Bereiche belichtet.

Die Belichtung fand in einer Laserlithographie-Maschine der Firma Heidelberg Instruments (DWL 66FS) statt. Abbildung 3.4 zeigt das Layout der Elektrodenstrukturen, das mit der AutoCAD Software der Firma Autodesk entworfen worden ist. Die belichteten Substrate wurden dann in AR 300-35 (1:2 mit Reinstwasser verdünnt) für 1 min entwickelt und wieder mit Reinstwasser gründlich gespült und mit Stickstoff trocken geblasen.

Eine thermische Bedampfung mit 3 nm Chrom als Haftvermittler und 50 nm Gold fand in einer Vakuumkammer statt. Die Entfernung des restlichen Lacks mit dem darüber befindlichen Gold war der letzte Schritt. Dazu wurden die Substrate in Petrischalen mit *N*-Methyl-2-pyrrolidon für einige Minuten in ein Ultraschallbad gestellt, bis das Gold von den entsprechenden Stellen vollständig abgelöst war. Es folgte eine Reinigung mit Reinstwasser und eine Trocknung mit Stickstoff.

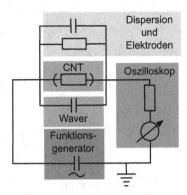

Abbildung 3.5: Ersatzschaltbild für die dielektrophoretische Abscheidung von CNT.

3.2.3 Dielektrophoretische Abscheidung von Kohlenstoffnanoröhren

Die dielektrophoretische Abscheidung der SWCNT zwischen Goldelektroden erfolgte mit Dispersionen, die 1:600 mit Reinstwasser verdünnt waren (vgl. Abbildung 3.3(a), Ziffer 5). Ein Flüssigkeitstropfen mit 10 L der Dispersion wurde über den Elektroden platziert. An diese war eine Spannung von $U_{pp} = 14\,\mathrm{V}$ mit einer Frequenz von $300\,\mathrm{kHz}$ angelegt. Ein Ersatzschaltbild ist in der Abbildung 3.5 gezeigt. Die Dauer der Abscheidung betrug 3 min. Der Flüssigkeitstropfen wurde vorsichtig mit Filterpapier abgezogen und anschließend die Oberfläche mit Reinstwasser gespült und mit Stickstoff getrocknet. Die Kontaktierung der Probenstücke ermöglichte eine maßgefertigte *probe station* der Firma SUSS MicroTec (jetzt Cascade Microtech). Die Spannungserzeugung erfolgte mittels eines Funktionsgenerators AFG3102 der Firma Tektronix. Die anschließende Messung der Proben fand mit einem Keithley Sourcemeter 2602 statt. An diesem Gerät konnten einzelne Parameter der Messung festgelegt werden.

3.2.4 Assemblierung von SLB

SLB wurden aus 1,2-Dioleoyl-*sn*-glycero-3-phosphocholine (DOPC) und einem anderen Lipid, dass an der Kopfgruppe fluoreszenz-gelabelt war

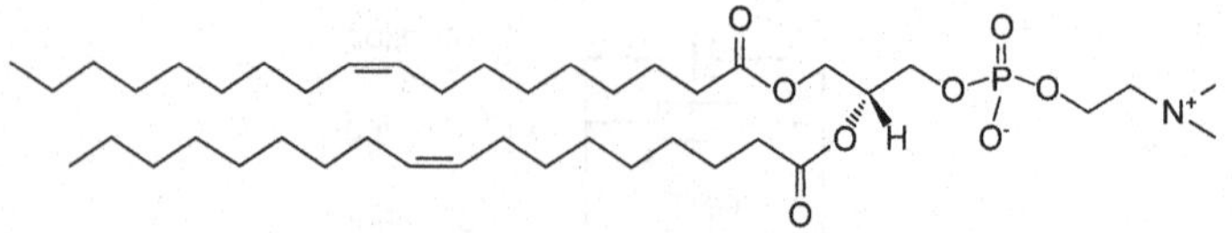

(a) DOPC.

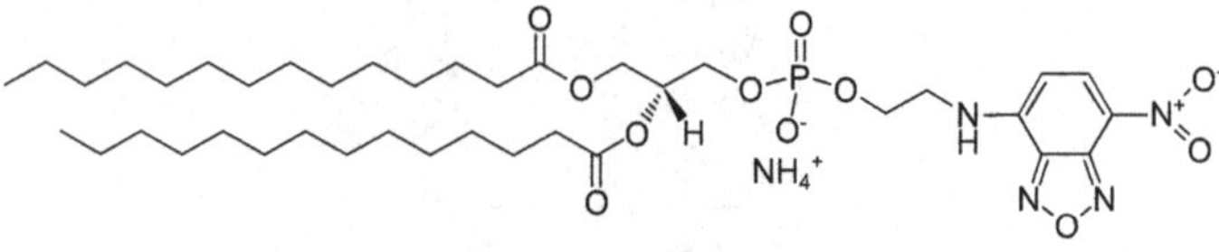

(b) NBD-DOPE.

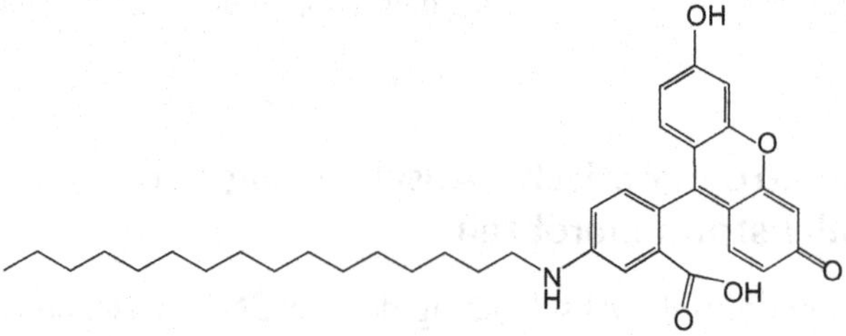

(c) C_{16}-Fluorescein.

Abbildung 3.6: In den Abbildung (a) und (b) sind die Keilstrichformeln der Lipide gezeigt, die zum Aufbau der SLB verwendet wurden. Die Abbildung (c) zeigt die Keilstrichformel von C_{16}-Fluorescein.

1,2-dioleoyl-*sn*-glycero-3-phosphoethanol-amine -N- (7-nitro-2-1,3-benzoxadiazol-4-yl) (NBD-DOPE) in einem Verhältnis von 20.000:1 hergestellt (siehe Abbildung 3.6). Dies geschah durch Lösung der einzelnen Lipide in Chloroform und anschließender Mischung im entsprechenden Verhältnis. Das Chloroform wurde in einem Rundkolben unter schwachem Stickstoffstrom verdampft, während der Rundkolben permanent rotierte. Eine sichere Entfernung von Restchloroform war durch eine Behandlung von zwei Stunden in einem Vakuumschrank garantiert. Nach diesen Schritten zeigte sich eine schimmernde Schicht auf dem Boden des 25 mL Rundkolbens.

Die Ausgangsmengen waren so gewählt, dass die Zugabe von 750 mL Puffer (NaCl 150 mmol L^{-1}, CaCl$_2$ 5 mmol L^{-1} eingestellt auf pH 4 durch

Abbildung 3.7: Die Abbildung zeigt den experimentellen Aufbau für die Selbstassemblierung von SLB. Die Kunststoffringe werden durch ein Schlifffett auf dem mit Elektroden versehenen Deckgläschen gehalten.

Zugabe von $5\,mol\,L^{-1}$ HCl bzw. $1\,mol\,L^{-1}$ NaOH) eine Lösung mit einem Lipidgehalt von $5\,mg\,mL^{-1}$ ergab. Eine 60-minütige Ultraschallbehandlung resultierte in einer klaren Flüssigkeit mit Liposomen sehr unterschiedlicher Größe. Um eine möglichst monodisperse Lösung kleiner Liposome zu erhalten, wurde ein Extruder verwendet [55]. Eine hohe Homogenität der Liposomdurchmesser erzeugte ein 11-maliges Pressen der Lösung durch eine Membran mit $400\,nm$ und ein 21-maliges Pressen durch eine Membran mit $50\,nm$. Je zwei Filtersupports verhinderten Risse in den Membranen.

Für die Assemblierung der SLB kamen Deckgläschen nach einer Reinigung zum Einsatz, wie sie im Kapitel 3.2.2 beschrieben ist. Kunststoffringe wurden mit einem Schlifffett auf den Deckgläschen angeheftet (siehe Abbildung 3.7). Eine hydrophile Oberfläche erzeugte eine $1\,min$ dauernde Plasmabeglimmung. Es folgte die Befüllung der Kunststoffringe mit $250\,L$ der extrudierten Liposomlösung. Während einer zweistündigen Inkubation bei $37\,°C$ sollten die Liposome an der Glasoberfläche platzen und sich zu einem SLB reorganisieren. Es folgte ein Reinigungsschritt. Ohne das Glas trocknen zu lassen, wurde dazu der Großteil der Lösung 10-mal entfernt und jeweils durch Puffer ersetzt.

Die selbe Vorgehensweise wie oben kam zum Einsatz, wenn Elektroden zur Begrenzung der Diffusion in FRAP-Experimenten verwendet wurden. Eine zusätzliche Reinigung der Deckgläschen nach den lithographischen

Prozessen war nicht erforderlich, sodass nach einer Plasmabehandlung mit der Befüllung der Kunststoffringe mit der extrudierten Liposomlösung das Experiment wie oben beschrieben fortgesetzt wurde (siehe Abbildung 3.7).

Um die Mobilität der Lipide des SLB über CNT durch FRAP zu bestimmen, wurde die DEP-Abscheidung unmittelbar nach einer Plasmabeglimmung durchgeführt und anschließend zügig mit der Befüllung der Kunststoffringe mit der extrudierten Liposomlösung begonnen (siehe Abbildung 3.7). Dadurch konnte gewährleistet werden, dass die Oberflächen noch hinreichend hydrophil waren, um eine erfolgreiche Selbstassemblierung der SLB zu gewährleisten. Auch in diesen Fällen wurden die Experiemente ansonsten wie oben beschrieben fortgesetzt.

Die Fluoreszenzregeneration nach Photobleichung - _fluorescent recovery after photobleaching_ (FRAP) als experimentelles Vorgehen um die Mobilität der Lipide im SLB zu bestimmen, ist im Kapitel 3.2.6 beschrieben.

3.2.5 Inkubation des SLB mit Molekülen oder Proteinen

In den Experimenten der vorliegenden Arbeit wurde die Membrankrümmung in einem SLB durch darunter befindliche CNT induziert. Das hat den Vorteil, dass der Krümmungsradius durch die Art der verwendeten SWCNT gewählt werden kann. Zum Einsatz kamen sowohl _arc discharge_-SWCNT als auch MWCNT mit Durchmessern bis 50 nm. Die Krümmung kann als spezielle Funktionalisierung eines FET-Sensors genutzt werden. Die krümmungssensitiven Proteine werden sich besonders in der Nähe der SWCNT, wo die Krümmung vorliegt, an der Membran anreichern (vgl. Abbildung 3.8).

In dieser Arbeit wurde die Anreicherung in der Nähe der CNT durch Fluoreszenzmikroskopie untersucht.

Dazu wurden CNT zwischen Elektroden abgeschieden (vgl. Kapitel 3.2.3) und anschließend SLB darüber assembliert (vgl. Kapitel 3.2.4). Das Beglimmen fand vor der dielektrophoretischen Abscheidung statt, um zu vermeiden, dass CNT durch das Plasma zerstört werden. Die weitere SLB-Assemblierung musste deshalb zügig nach der DEP-Abscheidung stattfinden, damit die Glasoberfläche noch hinreichend hydrophil war.

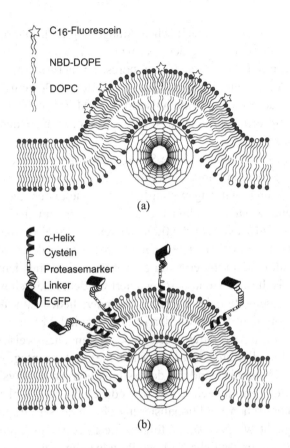

(a)

(b)

Abbildung 3.8: In der Abbildung (a) ist eine modellhafte Darstellung der Krümmungsdetektion gezeigt. Die Krümmung der Membran erzeugt Defekte, wodurch hydrophobe Innenbereiche der Membran zugänglich werden. An den Defekten können sich Moleküle mit hydrophobem Anteil anlagern. In (b) ist die Einlagerung eines künstlichen Proteins mit amphiphiler -Helix gezeigt (vgl. Beschreibung im Text).

Zur Untersuchung der spezifischen Anlagerung hydrophober Moleküle an Defekten in der Umgebung der CNT wurde eine $5\,\mathrm{mol\,L^{-1}}$ Lösung mit 5-hexadecanoylaminofluorescein (C_{16}-Fluorescein) hergestellt. Vor einer entsprechenden Verdünnung mit phosphatgepufferter Salzlösung (PBS-Puffer) war das C_{16}-Fluorescein in Dimethylsulfoxid (DMSO) gelöst. Die Wahl von PBS-Puffer lag darin begründet, dass das C_{16}-Fluorescein in dem ersten Puffer bei pH 4 ausfiel.

Für weitere Experimente stellte Stefan Henning vom Institut für Genetik der TU Dresden ein künstliches Protein her. Das war aus zwei Gründen erforderlich. Zum einen zeigen natürliche Proteine in der Regel keine starke Fluoreszenz, weshalb am künstlichen Protein eine intensiv fluoreszente Gruppe (weiterentwickeltes grün fluoreszierendes Protein - *enhanced green fluorescent protein* (eGFP)) angehangen wurde. Zum anderen konnte so das Protein gegenüber dem in der Natur als Dimer vorkommenden Amphiphysin auf die α-Helix des Monomers reduziert werden. Dadurch wird also der Bereich herausgegriffen, der zuvor als besonders bedeutsam für die Krümmungsdetektion identifiziert worden ist (vgl. Kapitel 2.8).

Das Proteindesign orientierte sich an der Herangehensweise der Gruppe von N. Hatzakis, allerdings wurden zusätzliche Gruppen integriert [31]. Das synthetisierte Protein bestand aus der α-Helix von Amphiphysin der Ratte. Es folgte am C-Terminus ein Cystein, wodurch die Möglichkeit der nachträglichen chemischen Funktionalisierung über eine SH-Gruppe an dieser Stelle ermöglicht wurde. Darauf folgte eine Erkennungssequenz für eine Protease, sodass der restliche Teil des Proteins abgetrennt werden konnte, wodurch nur die α-Helix und das Cystein übrig geblieben wäre. Danach wurde ein flexibler Linker eingebaut, der einen Abstand der Membranbindedomäne zum folgenden Fluoreszenzlabel, eGFP, ermöglichte. Dadurch sollte bei einer hohen Defektdichte die sterische Hinderung der Anbindung des Proteins gemindert werden. Den Abschluss bildete ein His-Tag. Das sind sechs Histidine hintereinander, die der Aufreinigung während der Synthese dienten. Schematisch ist das Protein in der Abbildung 3.8(b) dargestellt.

Die Inkubation der SLB erfolgte durch Zugabe von 20 L einer Lösung mit $0.5\,\mathrm{mg\,mL^{-1}}$ des Proteins in PBS-Puffer. Der Puffer in dem Kunstoffring war zuvor ausgetauscht worden, sodass sich noch 200 L PBS-Puffer darin befanden.

Tabelle 3.2.1: FRAP: zeitlicher Verlauf von Aquise und Bleichung.

Aufnahme	vor	Bleich.	nach 1	nach 2	nach 3
Anzahl	3	2	20	20	30
Intervall in s	0,17	0,17	0,17	0,5	1,0
					Gesamtdauer: 44 s

3.2.6 Fluoreszenzmikroskopische Untersuchungen

Die Charakterisierung der SLB erfolgte über FRAP-Experimente (vgl. Kapitel 2.10). Fluoreszenzmikroskopische Aufnahmen wurden dazu mit einem Leica TCS SP5 I konfokal Mikroskop am Biotechnologischen Zentrum Dresden aufgenommen, das mit diversen Lasern im Bereich von 405 nm bis 633 nm ausgestattet ist. Dadurch konnten die entsprechenden Linien für die Anregung von NBD-DOPE, Fluorescein oder eGFP gewählt werden. Die Einstellung der Parameter und die Durchführung der Bleichexperimente erfolgte im FRAP-Wizard der Leica LAS AF-Software. Zum Einsatz kam ein Ölobjektiv (63x lambda blue 1.4). Weitere Paramter wurden gewählt: Auflösung 128 × 128 Pixel, Frequenz $f = 1000\,Hz$, Aperturblende mit 2 Airy-Einheiten, Zoom 4, Argonlaserintensität 30 %. Die Bleichung erfolgte mit 100 % Laserintensität der Wellenlängen 458 nm, 476 nm, 488 nm und 496 nm in einem Spot mit dem Radius $w = 2.5\,m$ mittels *Zoom In*. Die Auswertung der gewonnen Daten wurde mit der QtiPlot-Software erledigt, so wie es in dem Kapitel 2.10 beschrieben ist. Die zeitliche Abfolge von Aquise und Bleichung ist in der Tabelle 3.2.1 zusammengefasst.

Der Durchmesser des Bleichspots war so gewählt, dass er unverändert für Experimente mit Goldelektroden (Abstand 5 nm) als Diffusionsbegrenzung verwendet werden konnte. Bei den genutzten fluoreszenzmikroskopischen Methoden erscheinen die Gold-Elektroden als schwarze Flächen. Aufgrund der geometrischen Begrenzung der Lipid-Diffusion kommt es zu Änderungen bei der Ermittlung/Berechnung des Diffusionskoeffizienten, die im Kapitel 4.4.2 diskutiert werden.

Die Aufnahme einzelner Aufnahmen erfolgte mit 100 Hz mit einer Auflösung von 1024 × 1024 Pixel. Für weitere fluoreszenzmikroskopische Aufnahmen wurde ein Axiovert 200 M der Firma Zeiss mit passenden Filtersätzen verwendet.

4 Resultate

4.1 Charakterisierung der CNT

Den Ausgangspunkt für die Arbeiten mit SWCNT bildet die Dispergierung der Nanoröhren. Die Methoden zur Dispergierung der verwendeten Proben sind im Kapitel 3.1.2 beschrieben. Anschließend wurden die SWCNT mittels Gel-Chromatographie sortiert, um sie dann dielektrophoretisch abzuscheiden.

Bevor der Erfolg einer Sortierung von SWCNT nach den elektrischen Eigenschaften detailliert ausgewertet werden kann, sind die Dispersionen der Ausgangsmaterialien genau zu chrakterisieren. Deshalb sind hier die Ergebnisse der Chrakterisierung von Dispersionen unterschiedlicher Ausgangsmaterialien den Ergebnissen der Sortierung vorangestellt.

Zunächst wurde die Photolumineszenz der Dispersionen gemessen, um daraus die Durchmesserverteilung der SWCNT in der Dispersion zu gewinnen. Das UV/VIS/NIR-Spektrum kann anhand der Durchmesserverteilung in Bereiche unterteilt werden, die auf die Absorption metallischer bzw. halbleitender SWCNT zurückzuführen sind. Durch die im Kapitel 2.3.2 vorgestellte Methode der Ableitung der Absorbanz lassen sich dann quantitative Aussagen zur Zusammensetzung der Dispersion treffen. Für die Charakterisierung sortierter Dispersionen sind danach UV/VIS-Messungen ausreichend (vgl. Kapitel 4.2.1 und 4.2.2).

Zur Verfügung standen folgende SWCNT-Ausgangsmaterialien:

- HiPCO-SWCNT,

- CoMoCAT-SWCNT,

- (6,5) CoMoCAT-SWCNT und

- *arc discharge*-SWCNT.

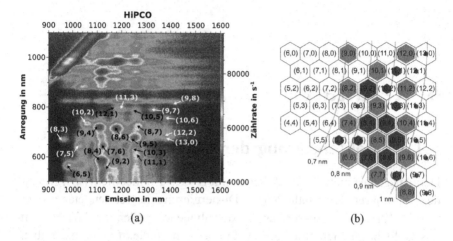

(a)   (b)

Abbildung 4.1: Abbildung (a) zeigt den 2D-Konturplot der PL einer HiPCO-
Dispersion. Pfeile kennzeichnen Punkte mit der Emission
$= E_{11}^S$ und der Anregung $= E_{22}^S$ entsprechender scSWCNT
(vgl. Tabelle 1.1 im Anhang). Das Schema in (b) zeigt die PL-
Intensitäten von scSWCNT anhand der Größe dunkler Sechsecke. mSWCNT mit großer geometrischer Ähnlichkeit zu den
scSWCNT sind hellgrau hinterlegt.

In einer Tabelle werden die Ergebnisse der Charakterisierung am Ende
des Kapitels zusammengefasst (siehe Tabelle 4.1.1).

4.1.1 Charakterisierung einer HiPCO-Dispersion

Das Ergebnis einer Photolumineszenz-Messung einer HiPCO-Dispersion
ist in der Abbildung 4.1(a) als 2D-Konturplot dargestellt. Eine scheinbar
starke PL mit gleicher Energie in der Anregung und Emission (Streifen oben
links in der Abbildung 4.1(a) und folgenden PL-Konturplots[1]) ist auf die
Lichtstreuung zurückzuführen und für die Messung uninteressant. Halbleitende SWCNT wurden anhand ihrer Übergangsenergien E_{22}^S in der Anre-

---

[1]Photolumineszenz misst spektral aufgelöst die Emission zu jeder Anregungswellenlänge.
Der Konturplot stellt farbcodiert die Emission in einem Grid aus Anregungswellenlänge
und Emissionswellenlänge dar.

gung und E_{11}^S in der Emission identifiziert (vgl. Tabelle im Anhang 1.1). In der Abbildung 4.1(b) sind die entsprechenden halbleitenden SWCNT dunkelgrau eingezeichnet. Daraus lassen sich die maximalen und minimalen Durchmesser bestimmen, die in der Probe vorhanden sind. Es zeigte sich, dass in dieser HiPCO-Probe SWCNT mit Durchmessern zwischen 0.757 nm für die (6,5)-Röhre bis 1.170 nm für die (9,8)-Röhre enthalten sind. Keine PL konnte für die halbleitenden SWCNT (10,0), (11,0), (9,1) und (8,1) detektiert werden, obwohl der Plot in Abbildung 4.1(b) ihre Anwesenheit aufgrund der geometrischen Ähnlichkeit vermuten lässt.

Metallische SWCNT zeigen keine Photolumineszenz. Es ist jedoch anzunehmen, dass sie die gleiche Durchmesserverteilung aufweisen wie die scSWCNT (vgl. Kapitel 2.1). Deshalb wird davon ausgegangen, dass die in der Abbildung 4.1(b) hellgrau eingezeichneten mSWCNT in der Dispersion vorhanden sind (vgl. Tabelle im Anhang 1.2).

Die Größe der dunkelgrauen Sechsecke in Abbildung 4.1(b) soll die relative Intensität der PL andeuten, so wie sie in der Abbildung 4.1(a) zu sehen ist. Es sei hier betont, dass die relative PL-Intensität nicht benutzt werden kann, um den Anteil entsprechender SWCNT direkt zu bestimmen, da sich die PL-Intensität aus der Multiplikation der Wahrscheinlichkeiten der einzelnen Prozesse, also Absorption, Relaxation und Emission, ergibt [71]. Vielmehr erschwert die Unterdrückung der PL für SWCNT der Familie $p = 1$ zusammen mit der Unterdrückung der PL-Intensität für SWCNT mit kleinen Chiralitätswinkeln die quantitative Auswertung der Zusammensetzung der Dispersion (vgl. Kapitel 2.3.3 und Tabelle 2.1 im Anhang). Daraus erklärt sich auch die scheinbare Abwesenheit von *zigzag*-Röhren im Konturplot.

Die Übergangsenergien der in Abbildung 4.1(b) gekennzeichneten Röhren sind in das UV/VIS/NIR-Spektrum der Abbildung 4.2 eingetragen. Dadurch lassen sich nun Peaks der Absorption mit konkreten SWCNT korrelieren. In den vorliegenden Daten lässt sich mit dem SWCNT-Paar (8,3) und (6,5) ein sehr markantes Beispiel für das unterschiedliche Verhalten bei den verschiedenen spektroskopischen Methoden finden. Während die (8,3)-Röhren vom Typ $p = 1$ sind, handelt es sich bei den (6,5)-Röhren um den Typ $p = 2$. Im PL-Konturplot zeigen die (6,5)-Röhren eine fast doppelt so starke PL-Intensität wie die (8,3)-Röhren. Im Bereich der E_{11}^S-Banden weisen die beiden Röhren jedoch eine vergleichbar starke Absorptionsintensität

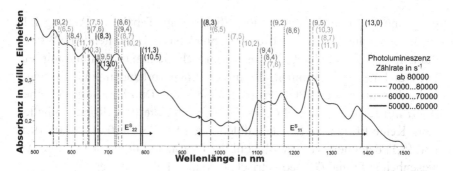

Abbildung 4.2: UV/VIS/NIR-Spektrum von HiPCO-SWCNT. Die Linien kennzeichnen die Übergangsenergien der scSWCNT mit den Indizes
(n,m).

auf (vgl. Abbildung 4.2 und 4.3(c)). Dadurch sei noch einmal verdeutlicht,
dass die Intensität im PL-Konturplot keine direkte quantitative Bestimmung
von SWCNT-Anteilen zulässt. Durch die Auswertung der Absorption kann
hingegen recht schnell zu quantitativen Aussagen gelangt werden.

Für die quantitative Bestimmung einzelner SWCNT-Anteile wurde fol-
gende Methode verwendet: Zunächst wurde die erste Ableitung der Absorbanz gebildet. Die Differenzen der Maxima und Minima der Ableitung um
eine Absorptionsbande sind proportional zur Intensität des entsprechenden
Übergangs (vgl. Kapitel 2.3.2). In der Abbildung 4.3 ist die Ableitung der
Absorbanz gestrichelt dargestellt. Pfeile markieren die Punkte, an denen
Differenzen für die quantitative Charakterisierung bestimmt wurden. Die
Chiralitäten sind neben den Pfeilen notiert. Dabei ließ sich nicht immer eine Differenz eindeutig einer Chiralität zuteilen. Vielmehr liegen manche
Übergänge so dicht beieinander, dass sie nur vereint betrachtet werden können. Die Messung der E_{11}^S- und E_{22}^S-Übergänge hat den Vorteil, dass sich
manche Übergänge separat berechnen lassen, die sich in dem anderen Bereich nicht voneinander trennen ließen. Ein Beispiel dafür findet sich bei
den Röhren mit der Chiralität (7,5). Diese lassen sich im Bereich der E_{22}^S
nicht von der Absorption der (7,6)-Röhren trennen. Im Bereich der E_{11}^S hingegen ist der Peak sauber getrennt von der Absorption anderer SWCNT (vgl.
Abbildung 4.2).

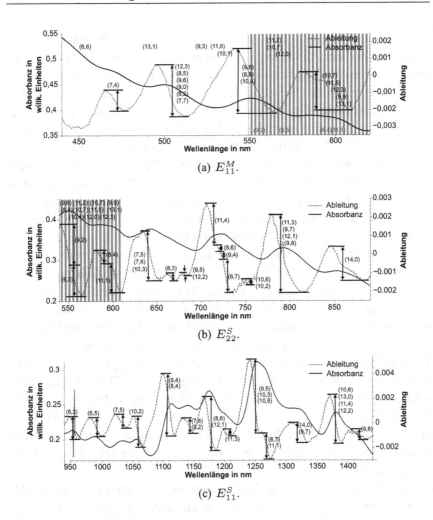

(a) E_{11}^M.

(b) E_{22}^S.

(c) E_{11}^S.

Abbildung 4.3: Ableitung des Absorptionsspektrums einer HiPCO-Dispersion. Pfeile kennzeichnen für die Berechnung der Zusammensetzung genutzte Differenzen. Nicht zuordenbare Chiralitäten in (a) sind im oberen Teil rechts von der Wellenlänge der Absorptionsbande eingetragen. Grau gestreift Überlapp der Absorptionsbanden. Die mSWCNT sind in der Abbildung der scSWCNT-Übergänge am oberen Rand eingetragen und entsprechend scSWCNT am unteren Rand vermerkt.

Es gibt auch Übergänge, die sich nicht sicher zuordnen lassen. Diese sind im oberen Teil der Abbildung 4.3(a) so eingetragen, dass die Absorptionsbande sich gerade links von der entsprechenden Klammer befinden würde. Besonders im Bereich metallischer E_{11}^M-Übergänge ist es schwierig, einzelne Röhren spektral zu trennen (vgl. Abbildung 4.3). Die Ursache liegt in einer ungenaueren Auswahl der mSWCNT-Chiralitäten im Vergleich zu denen der scSWCNT. Anhand der PL der HiPCO-Dispersion ist die Durchmesserverteilung bestimmt worden. Die scSWCNT konnten dabei einzeln identifiziert werden. Die mSWCNT zeigen keine PL, weshalb diese ausschließlich anhand ihres Durchmessers ausgewählt werden konnten. Dadurch kann es sein, dass deutlich mehr Übergänge der mSWCNT berücksichtigt worden sind, als tatsächlich in der Probe vorhanden waren.

Die halbleitenden Röhren mit den Indizes (8,1) liegen geometrisch in der Nähe der HiPCO-SWCNT (vgl. Abbildung 4.1(b)). Anhand des PL-Konturplots können sie allerdings nicht identifiziert werden. Das kann zum einen daran liegen, dass sie nicht in der Probe vorhanden sind oder zum anderen an der starken Unterdrückung der PL bei Röhren der Familie $p = 1$ (insbesondere bei kleinen Chiralitätswinkeln). Aufschluss gibt in diesem Fall das Absorptionsspektrum an den Positionen der E_{11}^S und E_{22}^S der (8,1)-Röhren (vgl. Abbildung 4.2). An der Stelle $\lambda_{22} = 471\,\text{nm}$ wurde keine starke Absorption gemessen (vgl. schwarze Kurve in Abbildung 4.3(a)). Die Peakposition $\lambda_{11} = 1041\,\text{nm}$ liegt in unmittelbarer Nähe zu dem Peak der (10,2)-Röhren, die durch ihre PL identifiziert wurden. Somit kann davon ausgegangen werden, dass die (8,1)-Röhren in keinem nennenswerten Anteil vorhanden sind.

Auch der Fall der (10,0)-Röhren kann analog diskutiert werden. Die Absorption bei $\lambda_{22} = 537\,\text{nm}$ zeigt keinen deutlichen Peak. Bei $\lambda_{11} = 1156\,\text{nm}$ befindet sich ein starker Peak. Dieser muss allerdings den (8,6)-Röhren zugeordnet werden, die auch eine starke PL aufweisen. Die gleiche Argumentation begründet die Abwesenheit von (11,0)-Röhren.

Bei der Durchmesserverteilung der HiPCO-SWCNT kommt es in einem Bereich von 550 nm bis 600 nm zu einer Überlappung der Absorption durch scSWCNT und mSWCNT. Die Übergänge der jeweils anderen Art, wurden wieder rechts von ihrer Absorptionsbande mit einer zweiten Farbe eingetragen.

In Abbildung 4.3 markieren schwarze Pfeile die Differenzen, die aus Maximum und Minimum der Ableitung des Absorptionsspektrums gebildet wurden. Ein zum Anteil der entsprechenden SWCNT proportionaler Wert wurde durch Division der ermittelten Differenzen mit den theoretischen Absorptionsintensitäten der jeweiligen Chiralitäten bestimmt (vgl. Kapitel 3.1.3). Falls mehrere SWCNT zu einer Differenz beigetragen haben, wurde ein Mittelwert der theoretischen Intensitäten für die Division genutzt. Als nächstes wurden die Anteile für E_{11}^M, E_{22}^S und E_{11}^S getrennt aufsummiert. Die prozentualen Anteile wurden durch den Vergleich der Summen E_{11}^M mit E_{22}^S bzw. E_{11}^M mit E_{11}^S bestimmt. Daraus ergibt sich der Anteil halbleitender SWCNT in der HiPCO-Dispersion aus dem Vergleich der E_{11}^S- und E_{11}^S-Übergänge zu 79 %. Für den metallischen Anteil ergibt sich entsprechend 21 %. Werden die Übergänge E_{22}^S und E_{11}^M verglichen, ergibt sich ein Verhältnis von 67 % zu 33 %. Die Ursache für die Abweichungen liegen vermutlich in dem Weglassen des Bereichs der Überlappung von metallischen E_{11}^M- und halbleitenden E_{22}^S-Übergängen (grau gestreift in Abbildung 4.3). Dadurch wird der Anteil der mSWCNT im ersten Fall unterschätzt. Im zweiten Fall ergibt sich ein Verhältnis halbleitend zu metallisch, das sehr nah an dem Erwartungswert für ein Drittel metallisch und zwei Drittel halbleitender SWCNT liegt.

Innerhalb der halbleitenden E_{11}^S-Übergänge können ebenfalls Anteile berechnet werden. Diese Anteile sind in der Abbildung 4.4 dargestellt. Die HiPCO-Dispersion besteht somit aus 67 % metallischen und 33 % halbleitenden SWCNT aus einem Durchmesserbereich von 0.757 nm bis 1.170 nm. Röhren vom Typ (10,0), (11,0) und (8,1) kommen trotz ihrer geometrischen Ähnlichkeit nicht in der Probe vor.

4.1.2 Charakterisierung einer CoMoCAT-Dispersion

Die CoMoCAT-Dispersion wurde analog zum Vorgehen für die HiPCO-SWCNT untersucht. Zunächst gibt der 2D-Konturplot der PL Aufschluss über vorhandene scSWCNT-Typen. Die Emission in einem kleineren spektralen Bereich in Abbildung 4.5(a) ist ein Hinweis darauf, dass weniger Chiralitäten vertreten sind. Die Durchmesserverteilung in der Probe ist demnach gegenüber einer HiPCO-Probe auf einen kleineren Bereich zwischen

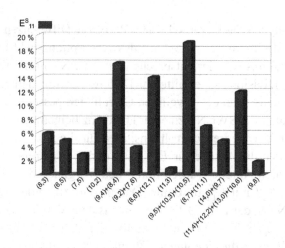

Abbildung 4.4: Zusammenstellung berechneter scSWCNT Anteile aus den E_{11}^S-Übergängen einer HiPCO-Dispersion. Die Reihenfolge der Chiralitäten entspricht der Abfolge der Absorptionsbanden im Spektrum. Zahlenwerte sind in der Tabelle 3.1 im Anhang angegeben.

0.757 nm und 0.976 nm eingeschränkt. Besonders starke PL tritt im Bereich der (6,5)-Röhren und etwas schwächer für (8,4)-Röhren auf. Die identifizierten scSWCNT sind in der Abbildung 4.5(b) mit dunkelgrauen Sechsecken entsprechend ihrer PL-Intensität gekennzeichnet. Nur die in der Abbildung 4.5(b) hellgrau gekennzeichneten mSWCNT wurden in der folgenden Analyse der Absorption berücksichtigt.

Die scSWCNT der CoMoCAT-Probe mit ähnlichen Durchmessern, die keine PL zeigen, sind die Röhren mit den Indizes (8,1), (10,1) und (10,3) aus der $p = 1$ Familie und (11,0) aus der $p = 2$ Familie. Auch im UV/VIS/NIR-Spektrum lassen sich diese Röhren nicht identifizieren. Daraus kann geschlussfolgert werden, dass diese Röhren nicht in der Probe vertreten sind (vgl. Vorgehen in Kapitel 4.1.1).

Die Einschränkung auf weniger Chiralitäten aufgrund der schmaleren Durchmesserverteilung ermöglicht eine spezifischere Untersuchung der Dispersion anhand der Absorption (vgl. Abbildung 4.7). Dadurch, dass weniger SWCNT berücksichtigt werden müssen, kommt es zu weniger Über-

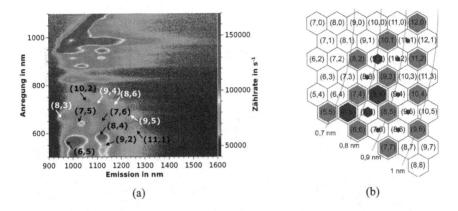

(a) (b)

Abbildung 4.5: Abbildung (a) zeigt den 2D-Konturplot der PL einer CoMoCAT-Dispersion. Pfeile kennzeichnen Punkte mit der Emission = E_{11}^S und der Anregung = E_{22}^S entsprechender scSWCNT. Das Schema in (b) zeigt die PL-Intensitäten von scSWCNT anhand der Größe dunkler Sechsecke. mSWCNT mit geometrischer Ähnlichkeit zu den scSWCNT sind hellgrau hinterlegt.

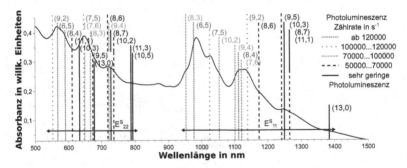

Abbildung 4.6: UV/VIS/NIR-Spektrum von CoMoCAT-SWCNT. Die Linien kennzeichnen die Übergangsenergien der scSWCNT mit den Indizes (n,m).

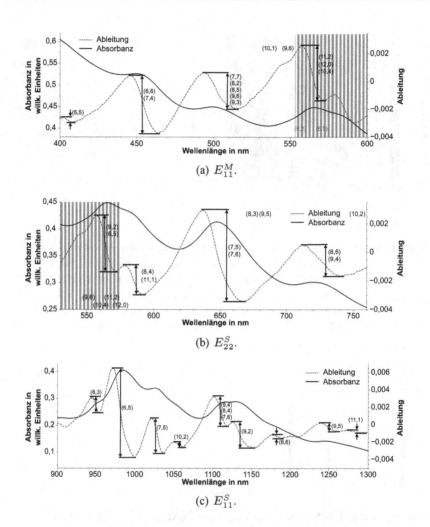

(a) E_{11}^M.

(b) E_{22}^S.

(c) E_{11}^S.

Abbildung 4.7: Ableitung des Absorptionsspektrums einer CoMoCAT-Dispersion. Pfeile kennzeichnen für die Berechnung der Zusammensetzung genutzte Differenzen. Nicht zuordenbare Chiralitäten sind im oberen Teil rechts von der Wellenlänge ihrer Absorptionsbande eingetragen. Grau gestreift Überlapp der Absorptionsbanden. Die mSWCNT (scSWCNT) sind in der Abbildung der scSWCNT (mSWCNT) unten links (rechts) eingetragen.

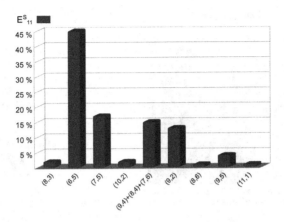

Abbildung 4.8: Zusammenstellung berechneter scSWCNT-Anteile aus den E_{11}^S-Übergängen einer CoMoCAT-Dispersion. Die Reihenfolge der Chiralitäten entspricht der Abfolge der Absorptionsbanden im Spektrum. Zahlenwerte sind in der Tabelle 3.2 im Anhang angegeben.

lappungen. Lediglich für den Bereich von 555 nm bis 575 nm kommt es zu einer möglichen Überlagerung der Absorptionsbanden. Die Bande der (6,5)-Röhren, die eine starke PL aufwiesen, liegt dicht bei Banden möglicher metallischer SWCNT vom Rand der Durchmesserverteilung (vgl. Abbildung 4.5(b)). Es kann daher angenommen werden, dass der Peak bei 560 nm somit zu den (6,5)- und (9,2)-Röhren gehört.

Aus der Ableitung der Absorption ergibt sich beim Vergleich von E_{11}^M und E_{11}^S ein Anteil halbleitender Röhren von 63 % (vgl. Kapitel 3.1.3). Das ist eine sehr gute Übereinstimmung mit der Erwartung von zwei Drittel scSWCNT-Anteil (vgl. Kapitel 2.2). Gleichzeitig unterstützt es auch die Vermutung, dass die Absorption bei 560 nm nicht von mSWCNT herrührt. Bei dem Vergleich von E_{11}^M und E_{22}^S wird der metallische Anteil scheinbar etwas überschätzt. In diesem Fall kann ein Anteil von 42 % metallischer Röhren errechnet werden.

Die Beiträge der einzelnen scSWCNT an den halbleitenden Röhren wurden anhand der E_{11}^S Übergänge berechnet. Diese Ergebnisse sind in der Abbildung 4.8 dargestellt. Der Anteil der (8,4)-Röhren kann bestimmt werden,

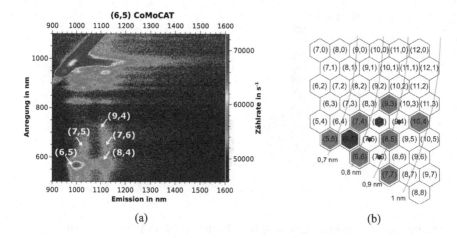

(a)   (b)

Abbildung 4.9: Abbildung (a) zeigt den 2D-Konturplot der PL einer (6,5) CoMoCAT-Dispersion. Pfeile kennzeichnen Punkte mit der Emission $= E_{11}^S$ und der Anregung $= E_{22}^S$ entsprechender scSWCNT. Das Schema in (b) zeigt die PL-Intensitäten von scSWCNT anhand der Größe dunkler Sechsecke. mSWCNT mit geometrischer Ähnlichkeit zu den scSWCNT sind hellgrau hinterlegt.

indem von der Differenz im Bereich E_{22}^S von (8,4) und (11,1) der Prozentsatz abgezogen wird, der aus dem Bereich E_{11}^S für die (11,1)-Chiralität bestimmt wurde. So lässt sich berechnen, dass allein die Röhren (6,5), (7,5), (8,4) und (9,2) etwa 88 % der scSWCNT ausmachen. Die Chiralitäten der metallischen SWCNT sind ebenso auf einige wenige Typen konzentriert. (6,6) und (7,4) machen allein fast 60 % der mSWCNT aus.

4.1.3 Charakterisierung einer (6,5) CoMoCAT-Dispersion

Mit dem CoMoCAT-Verfahren lassen sich neben den SWCNT, die im vorangegangenen Kapitel Verwendung fanden, SWCNT herstellen, die eine schmalere Durchmesserverteilung aufweisen. Da Dispersionen von diesem Ausgangsmaterial einen hohen Anteil (6,5)-Röhren haben, werden sie hier als (6,5) CoMoCAT bezeichnet. In der Abbildung 4.9(a) ist die PL einer Di-

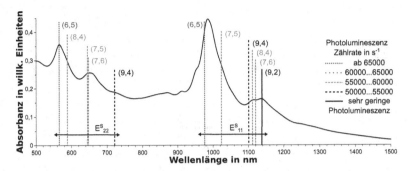

Abbildung 4.10: UV/VIS/NIR-Spektrum von (6,5) CoMoCAT-SWCNT. Die Linien kennzeichnen die Übergangsenergien der scSWCNT mit den Indizes (n,m).

spersion von (6,5) CoMoCAT-SWCNT als 2D-Konturplot dargestellt. Im Vergleich mit der eben charakterisierten CoMoCAT-Dispersion ist anhand der wenigen Bereiche starker PL-Intensität eine noch stärkere Einschränkung der vertretenen SWCNT-Spezies zu erkennen. Die PL dieser Probe zeigt die Existenz von einigen wenigen scSWCNT. Auch das Absorptionsspektrum in Abbildung 4.10 zeigt nur Peaks von den in der Abbildung 4.9(b) markierten SWCNT mit großen Chiralitätswinkeln. Die weitere Analyse darf sich deshalb auf die in Abbildung 4.9(b) markierten SWCNT beschränken.

Die kleine Anzahl vorhandener Chiralitäten erlaubt für (6,5) CoMoCAT-Dispersionen eine sehr genaue Bestimmung der Beiträge jeder einzelnen Röhre zur gesamten Zusammensetzung der Dispersion. Der Vergleich der halbleitenden und metallischen Anteile in den Bereichen der E_{11}^S und E_{11}^M klärt zunächst eine etwas irreführende Namensgebung auf. Die Verteilung von 2:1 ergibt sich auch hier näherungsweise. Von den 65 % halbleitenden Röhren gehören 71 % der scSWCNT zur Chiralität (6,5). Ähnlich wie bei den CoMoCAT-Röhren im Kapitel 4.1.2 kommt es beim Vergleich von E_{22}^S und E_{11}^M zu einer Überbewertung der mSWCNT mit 45 % metallischem Anteil.

Die berechneten Anteile der scSWCNT sind für diese Probe in der Abbildung 4.12 sowohl für den Bereich E_{11}^S als auch für den Bereich E_{22}^S darge-

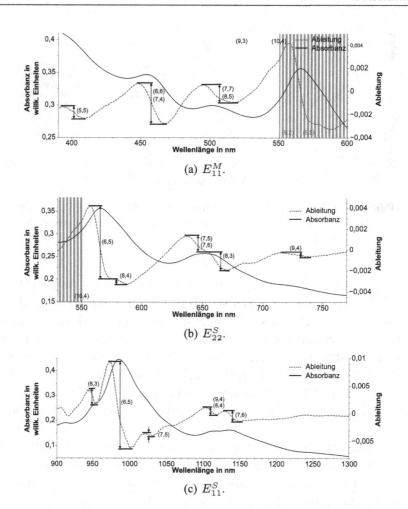

Abbildung 4.11: Ableitung des Absorptionsspektrums einer (6,5) CoMoCAT-Dispersion. Pfeile kennzeichnen für die Berechnung der Zusammensetzung genutzte Differenzen. Nicht zuordenbare Chiralitäten sind im oberen Teil rechts von der Wellenlänge ihrer Absorptionsbande eingetragen. Grau gestreift Überlapp der Absorptionsbanden. Die mSWCNT (scSWCNT) sind in der Abbildung der scSWCNT (mSWCNT) unten links (rechts) eingetragen.

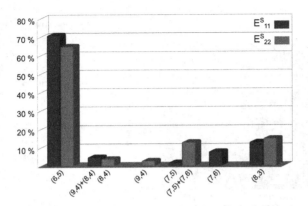

Abbildung 4.12: Zusammenstellung berechneter scSWCNT-Anteile aus den
E_{11}^S- und E_{22}^S-Übergängen einer (6,5) CoMoCAT-Dispersion.
Die Reihenfolge der Chiralitäten entspricht der Abfolge der Absorptionsbanden im Spektrum im Bereich der E_{22}^S-Übergänge.
Zahlenwerte sind in der Tabelle 3.3 im Anhang angegeben.

stellt. Es zeigt sich eine hohe Übereinstimmung in beiden Bereichen. Das
wird als Beleg für die korrekte Zuordnung der Absorptionspeaks und als Indiz für die Zuverlässigkeit der Analyse gewertet. Die Auswertung der E_{11}^S
Übergänge ist jedoch etwas genauer, weil der Einfluss der Absorption durch
π-Plasmonen in dem Bereich noch geringer ist. Zudem sind die Peaks noch
weiter spektral getrennt und es gibt keine Überlappung mit den Übergängen der metallischen SWCNT. Nicht zuletzt ist auch die Streuung der theoretischen Absorptionswerte, mit denen gerechnet wird, in diesem Bereich
geringer (vgl. Kapitel 2.3.2).

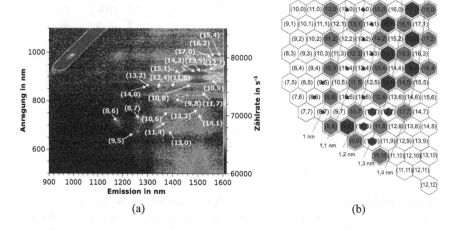

(a)   (b)

Abbildung 4.13: Abbildung (a) zeigt den 2D-Konturplot der PL einer *arc disch-arge*-Dispersion. Pfeile kennzeichnen Punkte mit der Emission = E_{11}^S und der Anregung = E_{22}^S entsprechender scSWCNT. Das Schema in (b) zeigt die PL-Intensitäten von scSWCNT anhand der Größe dunkler Sechsecke. mSWCNT mit geometrischer Ähnlichkeit zu den scSWCNT sind hellgrau hinterlegt.

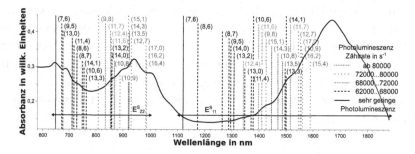

Abbildung 4.14: UV/VIS/NIR-Spektrum von *arc discharge*-SWCNT. Die Linien kennzeichnen die Übergangsenergien der scSWCNT mit den Indizes (n,m) die anhand von PL identifiziert wurden.

4.1.4 Charakterisierung einer *arc discharge*-Dispersion

Im Gegensatz zu den anderen Dispersionen zeigt sich im 2D-Konturplot der PL einer *arc discharge*-Dispersion ein drastisch anderes Verhalten (vgl. Abbildung 4.13(a)). Sowohl die Anregung als auch die Emission sind weit in den infraroten Bereich verschoben. Auch in diesem Fall können den Bereichen stärkerer PL einzelne SWCNT zugeordnet werden. Diese SWCNT sind in der Abbildung 4.13(b) eingetragen. Der Emissionswellenlängenbereich oberhalb von 1600 nm war mit dem verwendeten Detektor experimentell nicht zugänglich. SWCNT mit größeren Durchmessern als den eingetragenen besitzen jedoch Bandlücken, die sich im noch tieferen Infrarotbereich befinden (vgl. Tabelle 1.1 im Anhang). Es ist deshalb davon auszugehen, dass nur der untere Durchmesserbereich der Probe durch die PL gemessen wurde. Es könnten noch weitere SWCNT mit höheren chiralen Indizes als in Abbildung 4.13(b) in der Probe vorhanden sein.

Bei SWCNT mit größeren Durchmessern steigt die Anzahl der möglichen Chiralitäten rasant an. Die metallischen SWCNT (vgl. Abbildung 4.13(b)) einzeln auszuwerten, ist deshalb nicht mehr sinnvoll. Die entsprechenden Übergangsenergien liegen in diesem Fall so dicht beieinander, dass sie nicht spektral aufgetrennt werden können.

Mit dem Absorptionsspektrum der Abbildung 4.14 wird die Vermutung bestätigt, dass durch die PL nur der untere Durchmesserbereich erfasst wurde. Es gibt einen sehr ausgeprägten, aus mehreren einzelnen Banden zusammengesetzten Absorptionspeak, der sich von 1300 nm bis 1800 nm erstreckt. Durch die Eintragung der E_{11}^S-Banden, der SWCNT die per PL gefundenen wurden, lässt sich die linke Hälfte des Peaks erklären. Die Absorption im Bereich von etwa 1600 nm bis 1800 nm stammt von SWCNT mit etwas größerem Durchmesser bis maximal 1.6 nm. Nach unten ist die Durchmesserverteilung der *arc discharge*-Dispersion bei 0.966 nm begrenzt.

Diese Durchmesserverteilung ist der Ausgangspunkt der genaueren Untersuchung der Absorption (vgl. Kapitel 3.1.3). Durch die hohe Anzahl von Absorptionsbanden ist eine konkrete Zuweisung einzelner Chiralitäten nicht möglich. Dadurch können im Gegensatz zur Charakterisierung der Dispersionen mit CoMoCAT- und HiPCO-SWCNT keine konkreten Absorptionsintensitäten verwendet werden. Stattdessen wurde durch Mittelwerte in dem

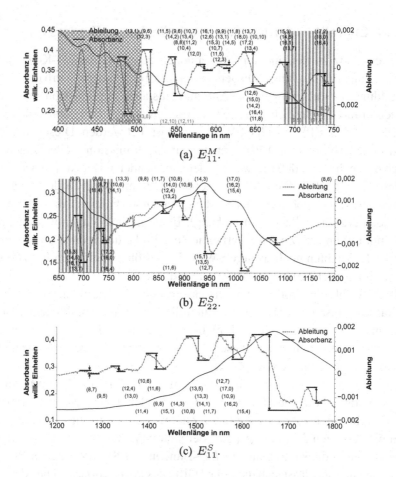

(a) E_{11}^M.

(b) E_{22}^S.

(c) E_{11}^S.

Abbildung 4.15: Ableitung des Absorptionsspektrums einer *arc discharge-*
Dispersion. Pfeile kennzeichnen für die Berechnung der Zusammensetzung genutzte Differenzen. Grau gestreift Überlapp
der Absorptionsbanden. In der Abbildung (a) sind die E_{44}^S
nicht eingetragen (vgl. Tabelle 1.3 im Anhang). Grau kariert
ist der Bereich der Überlappung von E_{33}^S-, E_{44}^S- und E_{11}^M-
Übergängen. Grau gestreift ist die Überlappung von E_{22}^S- und
E_{11}^M-Übergängen. Die mSWCNT (scSWCNT) sind in der Abbildung der scSWCNT (mSWCNT) unten links (rechts) eingetragen.

entsprechenden Durchmesserbereich die Absorptionsintensität abgeschätzt. Die Intensitäten im Bereich der E_{11}^S-Banden wurden zwischen 4,13 und 4,20 gewählt. Die Abweichung vom realen Wert ist dabei als gering zu betrachten, da die Absorptionsintensitäten der E_{11}^S mit zunehmendem Durchmesser immer dichter beieinander liegen (vgl. Abbildung 3.2). Das gleiche gilt als Tendenz für die Intensitäten der E_{22}^S. Für die metallischen Übergänge E_{11}^M wurde eine Intensität von 2,3 angenommen. Durch die größeren Durchmesser kommt es zu einer zusätzlichen Überlappung der spektralen Bereiche. Die Übergänge E_{33}^S und E_{44}^S befinden sich in diesem Fall bereits unterhalb von 556 nm. Deshalb wurden die in der Abbildung 4.15(a) grau markierten Bereiche nicht den mSWCNT angerechnet. Um die halbleitenden SWCNT nicht zu überschätzen, wurde der Bereich zwischen 680 nm und 750 nm aus der Abschätzung insgesamt heraus gelassen. Die für den Vergleich der spektralen Bereiche genutzten Differenzen sind in der Abbildung 4.15 gezeigt. Für E_{11}^S verglichen mit E_{11}^M ergeben sich 63 % scSWCNT und 37 % mSWCNT. Analog ergeben sich für die E_{22}^S und E_{11}^M Bereiche 66 % scSWCNT und 34 % mSWCNT.

Die Tabelle 4.1.1 fasst die Ergebnisse der vorangegangenen Kapitel zusammen. Die enthaltenen Durchmesserangaben sind ein Ergebnis der Photolumineszenz-Messungen und wurden durch den Vergleich mit Tabellenwerten gewonnen (vgl. Tabelle 1.1 im Anhang). Für *arc discharge*-SWCNT lässt sich keine obere Grenze für den Durchmesser angeben, da der spektrale Messbereich bei der Photolumineszenz die beobachtbaren Durchmesser bei etwa 1.6 nm nach oben beschränkt. Das Verhältnis des metallischen zum halbleitenden Anteil ist zum einen durch die Auswertung der E_{11}^S- mit den E_{11}^M-Übergängen berechnet. Zum anderen verglich eine Rechnung die E_{22}^S- mit den E_{11}^M-Übergängen. In den Berechnungen nicht berücksichtigt wurde der Bereich des Überlapps von E_{22}^S- und E_{11}^M-Übergängen. Dadurch kommt es zu den in der Tabelle wiedergegebenen Abweichungen der Anteile je nach betrachtetem Bereich. Für die Bestimmung der Anteile einzelner Chiralitäten wurden ausschließlich halbleitende E_{11}^S-Übergänge miteinander verglichen.

Tabelle 4.1.1: Zusammenfassung der Ergebnisse der Charakterisierung von SWCNT-Dispersionen.

	Durchmesser in nm	Verhältnis m- zu scSWCNT in % E_{11}^S	E_{22}^S	Einzelbeiträge	
HiPCO	0,757 … 1,170	21:79	33:67	(10,2)	8 %
				(8,3)	6 %
				(6,5)	5 %
CoMoCAT	0,757 … 0,976	37:63	42:58	(6,5)	45 %
				(7,5)	17 %
				(9,2)	13 %
(6,5)-CoMoCAT	0,757 … 0,961	35:65	45:55	(6,5)	71 %
				(8,3)	13 %
arc discharge	0,966 … 1,6 …	37:63	34:66	-	

4.2 Chromatographische Sortierung von CNT

Im vorangegangenen Kapitel wurde beschrieben, wie anhand von PL die Durchmesserverteilung in einer Dispersion bestimmt werden kann. Dispersionen von *arc discharge*-SWCNT wiesen eine sehr breite Durchmesserverteilung auf mit einem hohen mittleren Radius ($\geq 1.3\,\text{nm}$). Die anderen Ausgangsmaterialien wiesen kleinere Durchmesser auf: HiPCO $0.7\,\text{nm}...1.2\,\text{nm}$, CoMoCAT $0.7\,\text{nm}...1\,\text{nm}$. Die schmalste Verteilung zeigte die Probe der (6,5) CoMoCAT mit $0.7\,\text{nm}...0.9\,\text{nm}$. Durch eine detaillierte Auswertung von UV/VIS/NIR-Spektren war es mit den gewonnenen Durchmesserverteilungen möglich, die Anteile metallischer bzw. halbleitender SWCNT in den Proben zu bestimmen. Dabei zeigte sich (auch bei der (6,5) CoMoCAT Probe) eine gute Übereinstimmung mit der Erwartung, dass es sich bei einem Drittel um mSWCNT und bei zwei Drittel um scSWCNT handelt.

Für Anwendungen ist es von großem Interesse, Röhren von vorrangig einem elektronischen Typ zur Verfügung zu haben. Deshalb wurden Gel-Chromatographie-Experimente durchgeführt, um eine Sortierung nach elektronischen Eigenschaften zu erreichen. Nach der Sortierung wurden die Proben wiederum mittels UV/VIS/NIR-Spektroskopie charakterisiert. Da durch die Sortierung keine Durchmesser hinzu kommen können, konnte in diesem Teil der Untersuchungen auf PL-Experimente verzichtet werden.

Im folgenden Kapitel wird am Beispiel einer HiPCO-Dispersion der Überladungseffekt gezeigt. Dadurch, dass SWCNT im Überfluss (Überladung) zur Verfügung gestellt werden, kann es auf der Gel-Oberfläche zum Austausch von SWCNT kommen. Die Folge ist eine verbesserte Sortierung nach der Stärke der Affinität der SWCNT zum Gel im Vergleich zu einer geringen Beladung. Im Anschluss wurden unter Verwendung des Überladungseffekts SWCNT aus den unterschiedlichen Herstellungsverfahren nach ihren elektronischen Eigenschaften sortiert.

4.2.1 Sortierungsergebnisse - Der Überladungseffekt

Ein vergleichendes Experiment wurde durchgeführt, um den Einfluß der Menge der Ausgangsdispersion zu bestimmen. Wie im Kapitel 2.5.4 beschrieben, gibt es zwischen den SWCNT eine Konkurrenz um freie Bindungsstellen auf dem Gel, sodass ein Austausch gegen SWCNT mit höherer Bindungsenergie auf dem Gel stattfinden kann. Durch die Verwendung einer größeren Menge der Ausgangsdispersion werden mehr SWCNT mit hoher Bindungsenergie angeboten und es ist eine stärkere Sortierung der Röhren nach der Affinität zum Gel zu erwarten.

In der Abbildung 4.16 sind die Spektren der Dispersionen gezeigt. Es wurde die Probe vor dem Beladen gemessen. Diese ist mit der im Kapitel 4.2 diskutierten HiPCO-Dispersion identisch. Nach dem Passieren des Gels wurde die Dispersion erneut gemessen. Dabei spielt der Zeitpunkt der Probennahme eine Rolle, denn zu Beginn sind alle Bindungsplätze frei im Gel. Es werden also viele SWCNT in eine stationäre Phase übergehen. Diese fehlen dann in den ersten Fraktionen nach dem Passieren des Gels. In späteren Fraktionen ist der Anteil der SWCNT, der hängen bleibt oder ausgetauscht wird, zu gering um sich in einer sichtbaren Änderung des Spektrums bemerkbar zu machen.

Mit den Fraktionen nach den jeweiligen Waschschritten wurden ebenfalls Messungen durchgeführt. Die Probe, bei der eine niedrige Konzentration zum Spülen eingesetzt wurde, spiegelt im Wesentlichen die Komposition

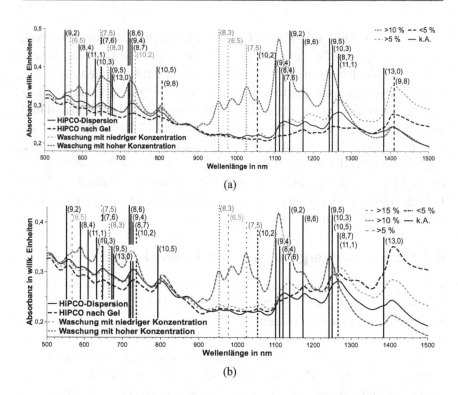

(a)

(b)

Abbildung 4.16: Die Abbildung zeigt die Absorptionsspektren der Fraktionen einer Sortierung mittels Gel-Chromatographie bei (a) geringer Beladung (1 mL) und (b) Überladung (4 mL). Die Spektren sind normiert bei 854 nm um relative Änderungen der Zusammensetzung der Fraktionen sichtbar zu machen. Die senkrechten Linien markieren einige Peakpositionen halbleitender SWCNT und deren Anteil an der halbleitenden Fraktion.

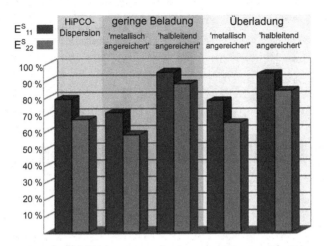

Abbildung 4.17: Zusammenstellung berechneter scSWCNT-Anteile aus dem Vergleich der E_{11}^S-Übergänge mit den E_{11}^M-Übergängen bzw. der E_{22}^S- Übergänge mit den E_{11}^M-Übergängen der Dispersionen aus dem Experiment zur Säulenbeladung. Zahlenwerte befinden sich in der Tabelle im Anhang 4.1.

der Ausgangsdispersion wieder. Durch die Verwendung einer hohen Tensidkonzentration wird die stationäre Phase wieder in Lösung gebracht und es findet sich in der entsprechenden Dispersion eine erhöhte Menge SWCNT mit höchster Affinität zum Gel. Die Dispersion wird dabei um halbleitende SWCNT angereichert, weshalb die entsprechende Probe im folgenden als ‚halbleitend angereichert' bezeichnet wird (vgl. Abbildung 2.27).

Die größten Unterschiede der Graphen der Abbildung 4.16 finden sich zwischen der Ausgangsdispersion und den Proben, die mit hoher Tensidkonzentration ausgewaschen wurden. Die dazugehörigen Kurven zeigen deutlich schärfere Peaks. Eine Ursache dafür ist, dass Verunreinigungen beim ersten Passieren des Gels kaum aufgehalten werden. Dadurch sinkt der graphitische Anteil der Absorption, der nicht zu SWCNT gehört. Die Intensität der Absorption durch π-Plasmonen nimmt ab. Ein zweiter Grund ist der Waschschritt mit geringer Tensidkonzentration, wobei Verunreinigungen ebenfalls reduziert werden.

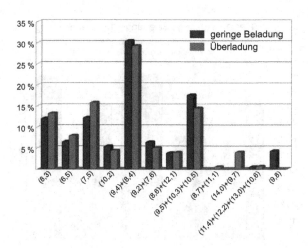

Abbildung 4.18: Zusammenstellung berechneter scSWCNT-Anteile in den ‚halbleitend angereicherten' Proben anhand der E_{11}^S-Übergänge der
Dispersionen aus dem Experiment zur Säulenbeladung. Die
Reihenfolge der Chiralitäten entspricht der Abfolge der Absorptionsbanden im Spektrum. Zahlenwerte können der Tabelle 4.2
im Anhang entnommen werden.

Wie schon im vorhergehenden Kapitel 4.1 beschrieben, wurde aus der Ableitung der Absorption die Zusammensetzung der Dispersionen bestimmt.
Die Ergebnisse sind in der Abbildung 4.17 dargestellt. Die Grafik zeigt für
beide Sortierungsexperimente eine erfolgreiche Anreicherung des halbleitenden bzw. metallischen Anteils in den entsprechenden Proben gegenüber
dem Ausgangsmaterial. Je nachdem welcher Bereich für die Auswertung genutzt wird, ergibt sich eine Steigerung des halbleitenden Anteils von 79 %
auf etwa 95 % (E_{11}^S) bzw. von 67 % auf etwa 86 % (E_{22}^S). Details der Berechnung können den Abbildungen im Anhang entnommen werden (1 und
2 für die Probe mit geringer Beladung, 3 und 4 für die Proben hoher Beladung).

Prinzipiell liefert die Betrachtung der E_{11}^S- und E_{22}^S-Übergänge die gleichen Tendenzen. Im Folgenden werden deshalb aus Gründen der Übersicht-
lichkeit die Zahlenwerte der E_{11}^S-Übergänge diskutiert.

Bei geringer Beladung befinden sich in der ‚halbleitend angereicherten' Probe 16 % mehr halbleitende SWCNT. Die Steigerung des metallischen Anteils in der ‚metallisch angereicherten' Probe fällt mit 8 % zwar geringer aus. Es ist jedoch zu beachten, dass im Allgemeinen nur halb so viele mSWCNT wie scSWCNT im Ausgangsmaterial vorhanden sind. Der Grad der Sortierung ist somit in etwa gleich gut. Zahlenwerte der Berechnung anhand der E_{22}^S-Übergänge können der Tabelle 4.1 im Anhang entnommen werden.

Bei hoher Beladung ergibt sich für die ‚halbleitend angereicherte' Probe fast der gleiche Anteil an scSWCNT wie im Fall geringer Beladung. Die hier als gering bezeichnete Beladung stellt also bereits genügend SWCNT bereit, um den Effekt einer Überladung bezüglich der Sortierung nach elektronischen Eigenschaften zu erreichen.

Unterschiede zum Fall mit geringer Beladung zeigen sich im Experiment zu Anreicherung metallischer SWCNT. Die als ‚metallisch angereichert' bezeichnete Probe der höheren Beladung entstammt einer späteren Fraktion als im Fall der geringen Beladung. Deshalb ist hier der halbleitende Anteil wieder auf dem Ausgangsniveau.

Beim genaueren Betrachten der Übergänge im E_{11}^S-Bereich finden sich kleine Unterschiede in der Komposition des halbleitenden Anteils (vgl. Abbildung 4.18). Das ist ein Indiz für eine Reorganisation der Besetzung der freien Bindungsstellen auf dem Gel als Folge der höheren Beladung. Die Anteile der (6,5), (7,5)- und (8,3)-Röhren können bei hoher Beladung Zuwächse verzeichnen, während die Anteile der (8,4), (9,4), (9,5), (10,3) und (10,5)-Röhren etwas abnehmen. Als Trend wird damit ein höherer Anteil von scSWCNT mit geringerer Krümmung der C-C-Bindung bei Überladung erkennbar (vgl. Abbildung 2.29(a)). Dieses Ergebnis stimmt mit den Arbeiten von Huaping Liu überein [51].

4.2.2 Vorbemerkung zur Gel-Chromatographie

Um eine möglichst starke Auftrennung bei der Sortierung unterschiedlicher SWCNT-Ausgangsmaterialien zu erreichen, wurde für die folgenden Experimente stets von dem Überladungseffekt Gebrauch gemacht und 4 mL der Dispersionen zur Beladung des Gels aufgewendet. Für die Experimente wurden die unterschiedlichen Ausgangsmaterialien in H_2O dispergiert. Eine optische Untersuchung der Photolumineszenz oder der Absorption im NIR-Bereich war deshalb nicht möglich. Die Charakterisierung der Proben ist dadurch auf die Absorption im Bereich der E_{22}^S und E_{11}^M beschränkt. In Verbindung mit den Untersuchungen der vorangegangenen Kapitel ist trotzdem eine detailierte Untersuchung möglich.

4.2.3 HiPCO-Sortierung

Um halbleitende und metallische Anteile zu bestimmen, wurde genauso wie in den vorhergehenden Experimenten vorgegangen. Durch den Übergang zu H_2O als Dispersionsmedium ist die Auswertung auf die Bereiche der E_{22}^S- und E_{11}^M-Übergänge beschränkt. Als Kontrolle wurde zunächst die HiPCO-Ausgangsdispersion charakterisiert. Beim Vergleich der Absorption von E_{22}^S und E_{11}^M der Ausgangsdispersion ergibt sich ein Verhältnis von 66 % scSWCNT zu 34 % mSWCNT (vgl. Abbildung 4.19). Die HiPCO-Dispersion zeigt also mit H_2O das gleiche Verhältnis von scSWCNT zu mSWCNT wie im Fall der Dispergierung mit D_2O (vgl. Abbildung 4.17). Durch die Sortierung kann der halbleitende Anteil auf 84 % erhöht werden. Die Anreicherung des metallischen Anteils ist nicht so effektiv und erreicht nur 38 % mSWCNT (vgl. Abbildung 4.19). Dieses Resultat reproduziert die Ergebnisse des Experiments zur Überladung - speziell beim Vergleich der E_{22}^S- und E_{11}^M-Übergänge. Durch die Verwendung von H_2O konnte kein Spektrum im NIR-Bereich aufgenommen werden. Dadurch entfällt die Auswertung einzelner Chiralitäten wie im vorhergehenden Kapitel (vgl. Abbildung 4.18). Die HiPCO-Übergänge im Bereich der E_{22}^S liegen zu dicht um einzelne Chiralitäten sinnvoll getrennt zu untersuchen.

Die präsentierten Daten zeigen, dass mit sehr geringem Aufwand vor allem die Anreicherung halbleitender SWCNT gut gelingt. Details der Auswertung der Absorptionsspektren können den Abbildungen 1 und 2 im Anhang entnommen werden.

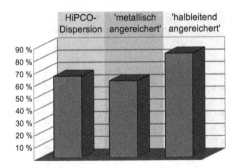

Abbildung 4.19: Zusammenstellung berechneter scSWCNT-Anteile aus den E_{22}^S- und E_{11}^M-Übergängen einer HiPCO-Dispersion vor der Sortierung, ,metallisch angereichert' und ,halbleitend angereichert'. Zahlenwerte befinden sich in der Tabelle 5.1 im Anhang.

4.2.4 CoMoCAT-Sortierung

Die CoMoCAT-Dispersion hat im Ausgangsmaterial eine schmalere Durchmesserverteilung als eine HiPCO-Dispersion (vgl. Kapitel 4.1.2). Auch bei der Untersuchung der Ausgangsdispersion für die Sortierung zeigt sich beim Vergleich von E_{22}^S und E_{11}^M eine Überschätzung des metallischen Anteils, wenn aus geometrischen Gründen von einer Verteilung ein Drittel mSW-CNT zu zwei Drittel scSWCNT ausgegangen wird. Da der Anteil von (6,5)-Röhren am halbleitenden Teil so hoch ist (vgl. Abbildung 4.8) wird der Peak um 565 nm zu den halbleitenden Röhren gezählt, obwohl eine sichere Zuordnung in diesem Bereich nicht möglich ist (vgl. z.B. Abbildung 2 im Anhang). Wird der halbleitende Anteil so berechnet, ergeben sich 60 % scSWCNT (vgl. Abbildung 4.20).

Nach der Sortierung beträgt der Anteil der scSWCNT 76 %. Beim Vergleich mit HiPCO-SWCNT wird ersichtlich, dass die CoMoCAT-SWCNT-Sortierung ebenso gut funktioniert (vgl. Abbildung 4.19 und 4.20).

Die schmalere Durchmesserverteilung bei CoMoCAT-SWCNT hat eine bessere spektrale Trennung der Absorptionspeaks im Bereich der E_{22}^S im Vergleich zu den HiPCO-SWCNT zur Folge. Es können deshalb die Beiträge von Paaren einzelner Chiralitäten zum gesamten halbleitenden An-

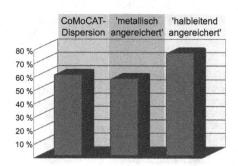

Abbildung 4.20: Zusammenstellung berechneter scSWCNT-Anteile aus den
E_{22}^S-Übergängen einer CoMoCAT-Dispersion vor der Sortie-
rung, ‚metallisch angereichert' und ‚halbleitend angereichert'.
Zahlenwerte befinden sich in der Tabelle 6.1 im Anhang.

teil berechnet werden (vgl. Abbildung 4.7). Diese Beiträge zum halbleitenden Anteil sind in der Abbildung 4.21 gezeigt. Der starke Zuwachs des
(6,5)+(9,2)- und (8,4)+(11,1)-Anteils im Vergleich zur Abnahme der Anteile von (7,5)+(7,6)+(8,3) und (8,6)+(9,4) bestätigt wiederum den Zusammenhang der Eluationsordnung mit der Krümmung der C-C-Bindung (vgl.
Abbildung 2.29(a)) [51].

In der ‚metallisch angereicherten' Probe verhält es sich gerade anders herum. In dieser Probe verringert sich der Beitrag der (6,5)+(9,2)-Röhren. Die
Übergänge (7,5)+(7,6)+(8,3) und (8,6)+(9,4) kennzeichnen hingegen eine
Erhöhung der entsprechenden Anteile. Der (8,4)+ (11,1)-Anteil weist keine
Veränderung gegenüber dem Ausgangsmaterial auf. Die UV/VIS-Spektren
und deren Ableitungen sind im Anhang in den Abbildungen 1 und 2 zu finden. Die Zahlenwerte der einzelnen Anteile sind im Anhang in den Tabellen
6.1 und 6.2 aufgelistet.

4.2.5 (6,5) CoMoCAT-Sortierung

Die (6,5) CoMoCAT-Probe weist eine sehr schmale Durchmesserverteilung
auf (vgl. Kapitel 4.1.3). Diese schmale Verteilung macht es möglich, im
Bereich der E_{22}^S- Übergänge einzelne Chiralitäten zu identifizieren. Es tritt
keine spektrale Überlappung der metallischen und halbleitenden Übergänge

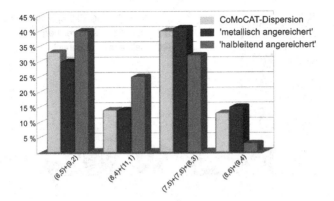

Abbildung 4.21: Zusammenstellung berechneter scSWCNT-Anteile einzelner Chiralitäten einer CoMoCAT-Dispersion vor der Sortierung, ‚metallisch angereichert' und ‚halbleitend angereichert' anhand der Übergänge im Bereich E_{22}^S. Zahlenwerte befinden sich in der Tabelle 6.2 im Anhang.

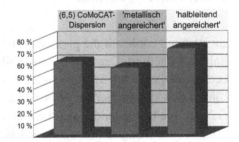

Abbildung 4.22: Zusammenstellung berechneter scSWCNT-Anteile aus den E_{22}^S-Übergängen einer (6,5) CoMoCAT-Dispersion vor der Sortierung, ‚metallisch angereichert' und ‚halbleitend angereichert'. Zahlenwerte befinden sich in der Tabelle 7.1 im Anhang.

auf. Obwohl sich die Probe (6,5) CoMoCAT nennt, kommen metallische Röhren zum üblichen Anteil von etwa einem Drittel vor. Die (6,5)-Röhren stellen jedoch den mit Abstand größten Anteil der scSWCNT. Deshalb ist es für diese Probe sinnvoll, eine Sortierung durchzuführen.

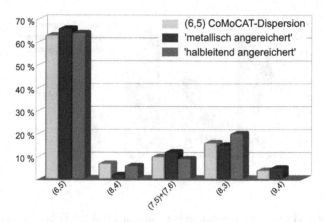

Abbildung 4.23: Zusammenstellung berechneter scSWCNT-Anteile nach der Sortierung einer (6,5) CoMoCAT-Dispersion vor der Sortierung, ‚metallisch angereichert' und ‚halbleitend angereichert' anhand der Übergänge im Bereich E_{22}^S. Zahlenwerte befinden sich in der Tabelle 7.2 im Anhang.

Die detaillierte Auswertung wurde auf die gleiche Weise wie in den vorangegangenen Kapiteln durchgeführt. Der Anteil der metallischen SWCNT konnte in der entsprechenden Probe um 5 % gesteigert werden. Der Anteil der halbleitenden Röhren ließ sich immerhin von 61 % auf 72 % erhöhen. In der Abbildung 4.22 sind die halbleitenden und metallischen Anteile der Fraktionen dargestellt. Die Abbildungen 1 und 2 im Anhang zeigen die Ableitungen der Absorbanz der sortierten Fraktionen, die für die Berechnung der Zusammensetzung genutzt wurden.

In der Abildung 4.23 fällt auf, dass die ‚halbleitend angereicherte' Dispersion fast keine Erhöhung des Anteils der (6,5)-Röhren aufweist. Hingegen verschwindet die (9,4)-Fraktion faktisch. Der Anteil der (7,5)- und (7,6)-Röhren lässt leicht nach. Die Röhren des (8,3)- und (8,4)-Typs nehmen hingegen anteilig zu. Der Vergleich mit Abbildung 2.29(a) zeigt, dass die Röhren mit den Indizes (7,5), (7,6), (8,3) und (8,4) sehr ähnliche Krümmungen der C-C-Bindung aufweisen. Dadurch kommt es zu keiner starken Verschiebung der Zusammensetzung innerhalb des halbleitenden Anteils. Für eine weitere Erhöhung des ohnehin hohen Anteils der (6,5)-Röhren scheint der

Unterschied in der Bindungsenergie zwischen den Chiralitäten nicht auszureichen.

Die Röhren vom Typ (9,4) sind in der ‚metallisch angereicherten' Fraktion ebenso stark vertreten, wie in der Ausgangsdispersion. In der ‚halbleitend angereicherten' sind sie dagegen nicht nachweisbar. Damit konnte festgestellt werden, dass diese Röhren innerhalb der Probe die geringste Affinität zum Gel besitzen. Die Abbildung 2.29(a) zeigt, dass dies im Einklang mit dem Zusammenhang zwischen Eluationsordnung und C-C-Bindungskrümmung steht (vgl. Abbildung 2.29(a))[51]. Die Tabellen 1 und 2 im Anhang fassen die Ergebnisse zusammen.

4.2.6 Zur Sortierung von *arc discharge*-SWCNT

Auch mit *arc discharge*-SWCNT wurden Experimente zur Sortierung durchgeführt. Es zeigte sich, dass die Methode, wie sie im Kapitel 3.2.1 beschrieben wurde, nicht verwendet werden kann. Eine mögliche Erklärung kann in der Konfiguration des Tensids auf den SWCNT gefunden werden. Der größere Durchmesser der *arc discharge*-Nanoröhren erlaubt eher eine Konfiguration als dicht gepackte und aufrecht ausgerichtete Tensidmonolage. Die HiPCO- oder CoMoCAT-SWCNT gestatten hingegen eine Adsorption des Tensids in ungeordneter Form oder als Hemimizellen. Andere Bereiche des Tensids oder der Nanoröhren sind so zugänglich, während die hydrophilen Kopfgruppen des Tensids im Fall der dichten Packung die Oberflächeneigenschaften dominieren (vgl. Kapitel 2.4.1 und Abbildung 2.20). Die Unterschiede im Krümmungsradius der C-C-Bindung sind im Fall der *arc discharge*-SWCNT zudem geringer, sodass die Selektivität für einzelne Chiralitäten zusätzlich eingeschränkt erscheint.

Modifikationen des Experiments wurden mit ähnlichen Tensiden durchgeführt. Beispielsweise wurde SDBS verwendet, das *arc discharge*-SWCNT besser dispergiert als SDS, sich allerdings chemisch kaum unterscheidet (vgl. Abbildung 2.21 und Tabelle 2.4.2). Sephacryl S-300 HR, ein ähnliches Gel mit größeren Poren wurde ebenfalls getestet. Die Auswertung mittels UV/VIS-Spektroskopie zeigte in keinem der Experimente eine Auftrennung nach elektronischen Eigenschaften oder Chiralität.

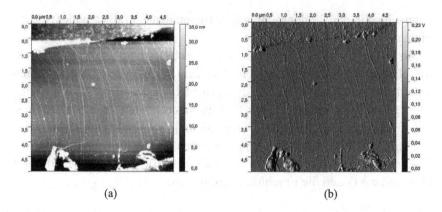

(a)   (b)

Abbildung 4.24: Rasterkraftmikroskopische Aufnahme von dielektrophoretisch
abgeschiedenen SWCNT. Abbildung (a) zeigt die Topologie.
Es ist zu beachten, dass die Höhe der SWCNT nur bedingt
durch die Farbskala abzulesen ist. Die Abbildung (b) zeigt die
Amplitude des Detektorsignals der gleichen Messung.

4.3 Direkte FET-Assemblierung

Untersucht wurde die dielektrophoretische Abscheidung von SWCNT zur
Herstellung von FET-Bauelementen. Die MWCNT-Abscheidung lässt sich
in gleicher Weise realisieren. Zum Aufbau eines FET kommen MWCNT
aufgrund ihres metallischen Charakters jedoch nicht in Betracht. Im Kapitel 4.5 dienen dielektrophoretisch abgeschiedene MWCNT allerdings als
Templat für Membrankrümmungen.

Die Stärke der DEP-Kraft ist unter anderem eine Funktion der Frequenz
und der dielektrischen Eigenschaften der SWCNT (vgl. Kapitel 2.7 und vgl.
Kapitel 3.2.3). Bei einer Frequenz von 300 kHz kommt es für beide Röh-
rentypen (mSWCNT und scSWCNT) zu einer anziehenden Kraftwirkung.
Dabei wirkt auf mSWCNT eine etwa 2 bis 3 Größenordnungen stärkere
Kraft [18]. Dadurch werden mSWCNT bevorzugt abgeschieden.

Ein Beispiel dielektrophoretisch abgeschiedener SWCNT ist in der Abbildung 4.24 gezeigt. Es ist eine hohe Anzahl von Verbindungen beider
Elektroden erkennbar. Es gibt etwa 5 Verbindungen pro m, die aus meh-

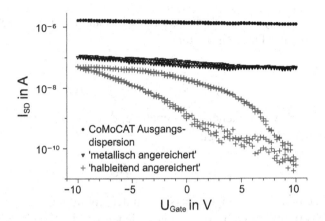

Abbildung 4.25: Eingangskennlinien mittels Dielektrophorese assemblierter FET. Die sortierten Fraktionen entstammen einer Gel-Chromatographie-Sortierung von CoMoCAT-SWCNT.

reren SWCNT zusammengesetzt sind, um die Distanz von 5 m zwischen den Elektroden zu überbrücken. Eingangskennlinien von Verbindungen, die auf diese Art aus sortierten Dispersionen der CoMoCAT-Proben hergestellt wurden, sind in der Abbildung 4.25 gezeigt.

Bei der Verwendung der CoMoCAT-Dispersion ohne Sortierung ergibt sich eine Eingangskennlinie mit sehr schwacher Abhängigkeit von der Gatespannung U_{Gate} (siehe die Kurve mit Rauten in der Abbildung 4.25). Reine metallische Verbindungen aus mehreren SWCNT von einer Elektrode zur anderen dominieren das Verhalten. Bei Verbindungen, die auf diese Weise hergestellt wurden, lassen sich über das Anlegen einer positiven Spannung zwischen Emitter und Kollektor bei angelegter Gatespannung rein metallische Verbindungen eliminieren, um zu einem Bauelement mit gutem Schaltverhalten zu gelangen [91].

Mit Hilfe der Emitter-Kollektor-Spannung - *Source-Drain-Voltage* U_{SD} von 1 V lässt sich der Gesamtwiderstand R_G der Schaltung einfach berechnen: $R_G = U_{SD}/I_{SD}$. Für den Gesamtwiderstand von N einzelnen Widerständen in einer Parallelschaltung gilt:

$$\frac{1}{R_G} = \frac{1}{R_1} + \frac{1}{R_2} + \cdots + \frac{1}{R_N}.$$

Mit der stark vereinfachenden Annahme, dass die einzelnen Widerstände R_i alle identisch sind, folgt:

$$R_i = N \cdot R_G.$$

Wird davon ausgegangen, dass wie in der Abbildung 4.24 gezeigt etwa 5 SWCNT-Verbindungen pro m abgeschieden wurden, ergibt sich mit einer Elektrodenbreite von 250 m, dass etwa 1250 Verbindungen bestehen. Die Berechnung ergibt mit $R_G = 0.5\,\text{M}\Omega$ für den Widerstand einer einzelnen Verbindung $R_i = 625\,\text{M}\Omega$.

Der Vergleich mit Literaturangaben von einigen wenigen $10\,\text{M}\Omega$ pro Verbindung, lässt vermuten, dass nur etwa jede zehnte Verbindung zum Leitungsprozess beiträgt [91]. Die Widerstände der einzelnen Verbindungen werden durch die Kontaktwiderstände zwischen Gold und SWCNT dominiert [91]. Somit spielt auch bei gutem Kontakt der SWCNT untereinander der Anschluss an das Gold die entscheidende Rolle und muss als Ausfallursache für den Großteil der Verbindungen gelten.

Verbindungen, die aus der Dispersion nach dem Durchlaufen des Gels hergestellt wurden, zeigen bei reduzierter Stromstärke ein ähnliches Verhalten (siehe die Kurve mit Dreiecken in der Abbildung 4.25). Eine mögliche Ursache für die Reduktion der Stromstärke ist, dass Bündel von SWCNT das Gel nicht passieren können. Der effektive Leitungsquerschnitt der erfolgreichen Verbindungen wird auf diese Weise reduziert. Eine weitere Ursache ist möglicherweise die geringere Konzentration des SWCNT-Materials in der ‚metallisch angereicherten' Probe. Bei dem Vergleich mit dem Gesamtwiderstand von in diesem Fall $10\,\text{M}\Omega$ folgt, dass im Verhältnis 1:20 weniger Verbindungen assembliert worden sind.

Im Fall der ‚halbleitend angereicherten' Dispersion ergibt sich eine Eingangskennlinie, die stark von der Gatespannung abhängt (siehe die Kurve mit Kreuzen in der Abbildung 4.25). Aus der Stromstärke im leitenden

Zustand ($U_{Gate} = -10V$) ergibt sich ein Gesamtwiderstand von $20\,\mathrm{M\Omega}$. Mit den gleichen Annahmen wie oben folg, dass nur noch einige wenige SWCNT-Verbindungen zum Leitungsprozess beitragen.

Das Schaltverhältnis, also der Quotient aus der Stromstärke im leitenden Zustand und im nicht leitenden Zustand, beträgt $1,3 \times 10^3$. Somit wurde ein FET-Bauelement in einem einzigen Selbstassemblierungsschritt erfolgreich hergestellt. In diesem Fall besteht keine Notwendigkeit störende metallische Verbindungen zu eliminieren.

Bei der Selbstassemblierug von SWCNT als elektrische Verbindungen zwischen Elektroden mit einem Abstand von $5\,\mathrm{m}$ bestehen die einzelnen Verbindungen stets aus einer Vielzahl von SWCNT. Durch das Experiment konnte gezeigt werden, dass der Anteil metallischer Röhren in der Dispersion gering genug ist, um mit hinreichend großer Wahrscheinlichkeit Verbindungen mit mindestens einer halbleitenden Röhre zu erzeugen. Dadurch wird die direkte Assemblierung von FET möglich. Nach einer Sortierung mittels Gel-Chromatographie kann somit auf den Schritt der Eliminierung metallischer Strompfade verzichtet werden.

4.4 SLB-Assemblierung und Charakterisierung

Um einen zuverlässigen Aufbau der Sensorplattform zu gewährleisten, wurden zunächst in einer Reihe von FRAP-Experimenten die Bedingungen für eine zuverlässige Assemblierung der SLB studiert (vgl. Kapitel 2.10). Der Aufbau ermöglichte zudem grundlegende Experimente, bei denen die Diffusion im SLB auf einen Streifen von $5\,\mathrm{m}$ Breite beschränkt ist. Die experimentellen Ergebnisse werden im Kapitel 4.4.2 mit theoretischen Überlegungen verglichen.

Die Ergebisse und Abbildungen der Kapitel 4.4 und 4.5 sind teilweise als Zeitschriftenartikel veröffentlicht worden [69].

4.4.1 FRAP mit und ohne räumliche Beschränkung

Auf einem Glas, das alle Lithogrphieschritte durchlaufen hatte, wurde an einem mit NBD-DOPE fluoreszent markierten SLB die Diffusionskonstante an einer Stelle weit außerhalb von Elektrodenstrukturen gemessen (vgl.

(a)   (b)

Abbildung 4.26: Die Abbildung 4.26(a) zeigt einen mittels NBD-DOPE fluoreszent markierten SLB. Es treten zwei Arten von Defekten auf: Unterbrechungen des Doppellayers (schwarze Bereiche) und ungeplatze Liposome (hellere Punkte). In Abbildung 4.26(b) kann eine Häufung der ungeplatzten Liposome entlang der Goldkante beobachtet werden.

Kapitel 3.2.2). Die Messung ergab den Wert $D = 3.99(46) \, \mathrm{m^2 \, s^{-1}}$ (vgl. Kapitel 2.10). Dass es sich somit um intakte, einfache Doppellipidschichten handelt, ergibt der Vergleich mit Diffusionskonstanten ähnlicher Schichten. So hatten Ralf Zimmermann und Kollegen eine Diffusionskonstante von $D = 4.5 \, \mathrm{m^2 \, s^{-1}}$ ermittelt [112]. Bei der Untersuchung des Einflusses des pH-Wertes auf die gemessene Diffusion stellten sie zudem eine signifikante Verringerung der Mobilität bei pH $= 3,9$ fest. Da in der vorliegenden Arbeit pH $= 4$ gewählt wurde, um in späteren Experimenten eine Denaturierung der Proteine zu vermeiden, war eine moderate Verringerung der Diffusionskonstante zu erwarten.

Die Abbildung 4.26(a) zeigt eine Fluoreszenzaufnahme eines SLB auf gereinigtem Glas. Während bei der lithographischen Herstellung von Elektroden mehrere Reinigungsschritte nötig sind, wurden die Gläschen in diesem Fall nur einer Reinigung mittels Peroxomonoschwefelsäure unterzogen.

Die im Wesentlichen homogene Färbung der Fläche in Abbildung 4.26(a) wird als intakter SLB interpretiert. Es sind zudem zwei Arten von Defekten zu erkennen. Zum einen hellere Spots, die durch ungeplatzte Vesikel hervorgerufen werden. Zum anderen ungefärbte Flecken, an denen der Bilayer nicht geschlossen ist. An diesem SLB wurde mittels FRAP ein Diffusionskoeffizient von $D = 2.78(32)\,\mathrm{m^2\,s^{-1}}$ gemessen.

Daran ist zu erkennen, dass die Reinigung der Substrate von zentraler Bedeutung ist, um intakte, einfache Doppellipidschichten zu erhalten (im Vergleich zu mehreren Lagen, oder zusätzlichen Liposomen an der Oberfläche). Defekte durch ungeplatzte Liposome lassen sich durch ein stärkeres Spülen nach der Selbstassemblierung auch später reduzieren.

Die Abbildung 4.26(b) zeigt die gleiche Probe innerhalb des Elektrodenspalts. Es fällt auf, dass weniger Fehlstellen sichtbar sind. Andererseits wird an den Goldkanten eine Häufung von Liposomen beobachtet. Diese Häufung könnte ihre Ursache in der kanalartigen Form des 5 m breiten Elektrodenspalts haben, die die Effektivität des Spülens verringert. Eine weitere Ursache könnte die unterschiedlichen Hydrophobizität von Gold und Glas sein. So hatten Craig A. Keller und Bengt Kasemo anhand der Assemblierungskinetik gezeigt, dass sich auf Gold kein geschlossener SLB bildet [47].

Die Kante könnte somit einen Übergangsbereich vom SLB auf dem Glas zu den ungeplatzten Liposomen auf dem Gold darstellen. Ob ein Austausch von markierten Lipiden trotzdem über die Goldfläche hinweg stattfindet, kann jedoch nicht anhand der Diffusion auf der Goldoberfläche direkt gemessen werden. Stattdessen wurde an einer Glasfläche, die von Gold umgeben war, ein Bleichexperiment durchgeführt.

Sollte der SLB auf dem Glas einen Film über das Gold hinweg bilden, würde nach dem Bleichen des SLB auf dem Glas eine Regeneration der Fluoreszenz zu beobachten sein. Der eingekreiste Bereich der Abbildung 4.27(a) zeigt die Fluoreszenz des dort vorhandenen SLB vor der Bleichung. Die mit Gold bedeckten Flächen sind nicht transparent und erscheinen deshalb dunkel in der Abbildung. Nach dem Bleichen im eingekreisten Spot kommt es zu keiner Erholung der Fluoreszenz. Demzufolge besteht kein diffuser Austausch des SLB über Goldkanten hinweg. Diese Erkenntnis steht im Einklang mit der Tatsache, dass die Vesikel auf der hydrophoberen Goldoberfläche nicht platzen und sich somit kein SLB auf Gold bildet [47].

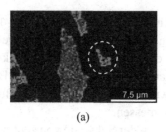 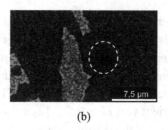

(a)   (b)

Abbildung 4.27: Die Abbildung 4.27(a) zeigt im eingekreisten Bereich einen
SLB der komplett von Gold umgeben ist. Wird dieser Bereich
gebleicht, kommt es zu keiner Regeneration der Fluoreszenz.
Abbildung 4.27(b) zeigt den gleichen Bereich 1 min nach dem
Bleichen.

Durch die Verwendung von Goldelektroden besteht somit nicht nur die
Möglichkeit CNT zwischen den Elektroden abzuscheiden, um dann die Aus-
wirkung dieser Hindernisse auf die Diffusion zu charakterisieren. Es ergibt
sich zudem die Möglichkeit, die Diffusion in einer eingeschränkten Geometrie zu beobachten.

Die Messung der Diffusionskonstante im Elektrodenspalt ergibt eine effektive Diffusionskonstante von $D_{effektiv} = 1.19(11)\,\mathrm{m^2\,s^{-1}}$. Für diese
Berechnung wurde das Protokoll unverändert genutzt, wie es im Kapitel
2.10 beschrieben ist. Diese starke Reduktion des Messwertes kann jedoch
keine physikalisch reduzierte Diffusionskonstante als Ursache haben, da es
sich um die gleiche Probe handelt, bei der eine Diffusionskonstante von
$D = 3.99(46)\,\mathrm{m^2\,s^{-1}}$ in größerem Abstand vom Gold gemessen wurde.

Vielmehr entsprechen die Grundlagen der Berechnung nicht mehr dem
experimentellen Aufbau. Während die Rechnung eine sehr ausgedehnte radialsymmetrische Fläche vorraussetzt, ist in diesem Experiment die Diffusion auf den Spalt zwischen den Elektroden beschränkt. Wie oben gezeigt
wurde, stellt das Gold eine Diffusionsbarriere dar, sodass als Reservoir für
die Regeneration der Fluoreszenz nur die markierten Lipide innerhalb des
Spalts in Frage kommen. Die Lipide auf der Goldoberfläche sind hingegen
in den Liposomen örtlich fest. Die Folgen dieser Beschränkung auf die Mes-

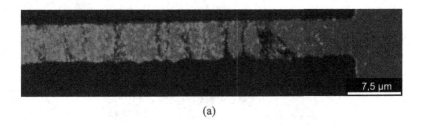

(a)

Abbildung 4.28: SLB über SWCNT. Der starke Kontrast der SWCNT deutet auf die Abscheidung von SWCNT-Bündeln hin.

sungen werden im Kapitel 4.4.2 anhand von an die Geometrie angepassten Rechnungen diskutiert.

Hier sei vorweggenommen, dass sich aus den Überlegungen des Kapitels 4.4.2 ergibt, dass der gemessene Wert eine Verringerung der Diffusion auf etwa 90 % des weiter oben angegebenen Wertes von $D = 3.99 \, \mathrm{m^2 \, s^{-1}}$ für die unbeschränkte Diffusion bedeutet. Der etwas geringere Wert der Diffusionskonstante im Spalt könnte seine Ursache in den bereits diskutierten ungeplatzten Vesikeln haben bzw. in der Reinigung der Probe. Zusätzlich könnte die Rauheit der lithographisch hergestellten Elektrodenkante die reale Spaltbreite verringern, wodurch das experimentelle Ergebnis niedriger als das theoretische ausfallen würde.

Eine weitere Messung der Diffusion innerhalb des Elektrodenspalts wurde mit darunter befindlichen SWCNT durchgeführt. Die Abbildung 4.28 verdeutlicht den Aufbau. Für die Messung der Diffusion wurde jedoch eine Probe verwendet, die weniger SWCNT-Bündel als in der Abbildung gezeigt aufwies. Rechnerisch entspricht das Ergebnis $D_{effektiv} = 0.72(12) \, \mathrm{m^2 \, s^{-1}}$ einer Halbierung der effektiven Diffusionskonstante (vgl. Kapitel 4.4.2). Damit konnte gezeigt werden, dass die SWCNT eine teilweise Diffusionsbarriere im SLB darstellen.

In einer vorangegangenen Arbeit von Juliane Posseckardt war die Diffusion im SLB über unstrukturierten Netzwerken in Abhängigkeit von dem verwendeten Surfactant untersucht worden [45]. Dabei zeigte sich speziell für mittels SC dispergierte SWCNT eine starke Reduktion der Diffusion.

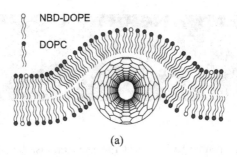

(a)

Abbildung 4.29: Die Skizze zeigt eine mögliche Anordnung des SLB über einem SWCNT, falls die dispergierten CNT trotz der Verwendung von Tensiden noch hydrophobe Oberflächenanteile aufweisen.

In der Abbildung 3.8 des Kapitels 3.2.4 wurde eine mögliche Anordnung des SLB über SWCNT angenommen. Die Halbierung der Diffusionskonstante lässt eine weitere spezielle Konfiguration vermuten, wie sie in der Abbildung 4.29 gezeigt ist. Tenside werden bei der Dispergierung von SWCNT eingesetzt, um eine hydrophile Oberfläche zu erhalten (vgl. Kapitel 2.4.1). Trotzdem lässt die Assemblierung der Tensid-Moleküle auf der SWCNT-Oberfläche je nach Tensid und dessen Konzentration, sowie abhängig vom Durchmesser der SWCNT Oberflächenanteile hydrophob erscheinen. Aus energetischen Gründen kann es dann für den SLB günstiger sein, die untere Lage des Bilayers zu unterbrechen. Dadurch könnten die hydrophoben Teile der Lipide mit den Tensid bedeckten SWCNT in Kontakt kommen. Die Diffusion der Lipide wäre dann auf die obere Lipidschicht beschränkt.

4.4.2 Berechnungen zu FRAP-Experimenten

Im Folgenden muss etwas mathematisch ausgeholt werden, um die Ergebnisse der Diffusionsexperimente mit CNT in einer Elektrodenlücke verstehen zu können. Dabei stellen die Elektroden eine absolute Diffusionsbarriere dar, während CNT die Diffusion verringern. Es wurde darauf verzichtet die Berechnung dem Anhang zuzuordnen, da sich die Ergebnisse nicht ohne weiteres mit den Werten des vorangegangenen Kapitels vergleichen lassen.

Wird die FRAP-Fitfunktion der Gleichung 2.10.16 auf Experimente mit aufgrund von Elektroden beschränkter Diffusion angewendet, ergeben sich stark reduzierte effektive Diffusionskonstanten. Die Ursache liegt in der geänderten Geometrie, die nicht mehr mit den Vorausetzungen für die Herleitung der Fitfunktion übereinstimmen.

Die Suche nach einer dem Problem angepassten Fitfunktion aus einer analytischen Lösung der Differentialgleichung 2.10.2 ist nicht vielversprechend, da sich die geometrischen Vorausetzungen der radialen Symmetrie des Bleichspots und der Spiegelsymmetrie der Elektroden wiedersprechen. In der vorliegenden Arbeit wurde deshalb eine vereinfachte Lösung unter Berücksichtigung der Spiegelsymmetrie der Elektroden berechnet.

Im Kapitel 2.10 ist der Lösungsweg für den radialsymmetrischen Fall skizziert. Dazu wurde eine Lösung ermittelt, welche die Diffusionsgleichung in Polarkoordinaten und die Anfangs- und Randbedingungen erfüllt. Um eine Lösung für die Diffusion bei beschränkter Geometrie zu finden, werden einige Modifikationen der Rechnung notwendig. Der kreisförmige Bleichspot wird durch ein Rechteck genähert. Dadurch genügt es, eine 1-dimensionale Lösung entlang der Breite des Elektrodenspalts zu finden. Es muss demnach folgende Differentialgleichung gelöst werden:

$$\frac{\partial C}{\partial t} = D\frac{\partial^2 C}{\partial x^2}. \tag{4.4.1}$$

Die im Kapitel 2.10 genutzte Randbedingung, Gleichung 2.10.4, kann für den 1-dimensionalen Fall übernommen werden. Die Anfangsbedingung wird so gewählt, dass sie am Ende der Rechnung genauso groß wie die im Experiment gebleichte Fläche ist:

$$C_K(x,0) = \begin{cases} 0, & x \leq \sqrt{\pi}\,w \\ C_0, & x > \sqrt{\pi}\,w. \end{cases} \tag{4.4.2}$$

Eine Lösung dieses Problems ist [11]:

$$C_K(x,t) = C_0\left\{1 - \frac{1}{2}*\left[\text{erf}\left(\frac{x + \sqrt{\pi}\,w/2}{\sqrt{4Dt}}\right) - \text{erf}\left(\frac{x - \sqrt{\pi}\,w/2}{\sqrt{4Dt}}\right)\right]\right\}. \tag{4.4.3}$$

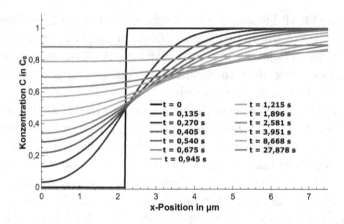

Abbildung 4.30: Dargestellt ist die Lösung der 2. Fick'schen Differentialgleichung im 1-dimensionalen Fall nach der Gleichung 4.4.3 mit $D = 4 \, \mathrm{m^2 \, s^{-1}}$.

Die Richtigkeit der Lösung lässt sich durch Einsetzen prüfen. Dabei ist folgende Identität nützlich:

$$\frac{d}{dx} \operatorname{erf}(x) = \frac{2 \exp\{-x^2\}}{\sqrt{\pi}}. \tag{4.4.4}$$

Die Lösung des 1-dimensionalen Problems ist in der Abbildung 4.30 für $D = 4 \, \mathrm{m^2 \, s^{-1}}$ dargestellt.

Die 1-dimensionale Lösung wurde integriert von $x = 0$ bis $x = \sqrt{\pi} \, w$ und mit dem doppelten Elektrodenspalt $2d = 10 \, \mathrm{m}$ multipliziert. Das Ergebnis ist in der Abbildung 4.31 mit Rauten dargestellt. Anhand der Fitfunktion 2.10.16 wurde die Zeitkonstante $\tau = 1.17 \, \mathrm{s}$ bestimmt. Daraus errechnet sich die effektive Diffusionskonstante $D = 1.34 \, \mathrm{m^2 \, s^{-1}}$.

Zum Vergleich ist in der Abbildung 4.31 zunächst die bekannte Lösung des radialsymmetrischen Problems dargestellt (die Kurve mit Dreiecken). Der Fit reproduziert die Kurve exakt und dient in diesem Fall lediglich der Gewinnung der Zeitkonstante, aus der sich die hineingesteckte Diffusionskonstante von $4 \, \mathrm{m^2 \, s^{-1}}$ wiederum berechnen ließe.

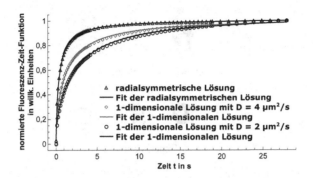

Abbildung 4.31: Berechnete Fluoreszenzregeneration und dazugehörige Fitfunktionen für das radialsymmetrische Problem mit $D = 4\,\mathrm{m^2\,s^{-1}}$ (Dreiecke) und dem 1-dimensionalen Fall mit $D = 4\,\mathrm{m^2\,s^{-1}}$ (Rauten) bzw. $D = 2\,\mathrm{m^2\,s^{-1}}$ (Kreise).

Die Kurve mit Rauten entspricht berechneten Werten aus dem Modell für eine 1-dimensionale Diffusion, wobei als Diffusionskonstante erneut $4\,\mathrm{m^2\,s^{-1}}$ genutzt wurde. Durch den Fit mit Hilfe der gleichen Fitfunktion wie im radialsymmetrischen Fall lässt sich wiederum eine Zeitkonstante berechnen, um eine effektive Diffusionskonstante mit dem Wert $1.34\,\mathrm{m^2\,s^{-1}}$ zu erhalten. Dadurch wird erreicht, dass sich die Diffusionskonstanten in Bereichen beschränkter Geometrie untereinander vergleichen lassen.

Die gemessenen Diffusionskonstanten ohne Beschränkungen (durch Elektroden oder CNT) lagen zwischen $2.78\,\mathrm{m^2\,s^{-1}}$ und $3.99\,\mathrm{m^2\,s^{-1}}$. Die Messung der effektiven Diffusionskonstante innerhalb des Elektrodenspalts ergab $1.19\,\mathrm{m^2\,s^{-1}}$. Damit bleibt dieser Wert am oberen Ende der Erwartung. Auf diese Weise kann bestätigt werden, dass der SLB in dem Elektrodenspalt intakt ist und kaum Defekte aufweist.

Abweichungen zwischen Rechnung und Experiment können ihre Ursache in der Annahme eines Rechtecks als Bleichspot haben (siehe Abbildung 4.32). Weitere Abweichungen können der eher gewellten lithographisch hergestellten Elektrodenkante geschuldet sein.

Eine weitere Rechnung wurde mit einer um die Hälfte reduzierten Diffusionskonstante durchgeführt (siehe die Kurve mit Kreisen in der Abbildung

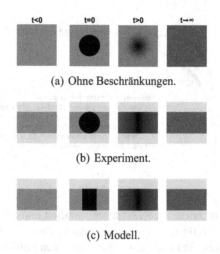

(a) Ohne Beschränkungen.

(b) Experiment.

(c) Modell.

Abbildung 4.32: Die Abbildung (a) skizziert ein FRAP-Experiment ohne räumliche Beschränkungen. In Abbildung (b) ist dargestellt, dass es nach dem Bleichen mit einem radialsymmetrischen Spot bei $t = 0$ aufgrund der Symmetrie der Elektroden für $t > 0$ zu einer Verformung des Bleichprofils hin zu einem Rechteck kommt. In dem Modell, das der Berechnung zugrunde liegt, wird als Vereinfachung ein rechteckiger Bleichspot angenommen, wie es in Abbildung (c) skizziert ist.

4.31). Aus der dazu dargestellten Fitfunktion bestimmt sich die effektive Diffusionskonstante zu $0.80\,\mathrm{m^2\,s^{-1}}$. Im Experiment mit zuvor abgeschiedenen SWCNT wurde eine effektive Diffusionskonstante von $0.72\,\mathrm{m^2\,s^{-1}}$ bestimmt.

Es konnte somit gezeigt werden, dass die Diffusion über SWCNT hinweg zu einer Reduktion der effektiven Diffusionskonstante auf etwa die Hälfte des Ausgangswertes führt. Die Ursachen dieser Reduktion können unterschiedlicher Natur sein. Eine Möglichkeit besteht in der Interaktion zwischen der CNT-Tensid-Oberfläche und den hydrophilen Lipid-Kopfgruppen bei intakter Lipiddoppelschicht. Eine weitere Erklärung könnte in der Krümmung der Schicht vermutet werden, die durch Fehlstellen und Defekte im gekrümmten Bereich die Diffusion reduziert. Aber auch eine Unterbrechung

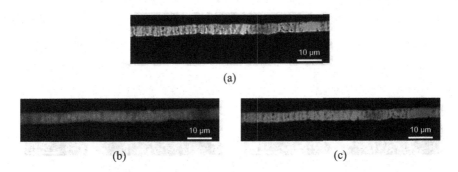

Abbildung 4.33: Abbildung (a) zeigt eine Hellfeldaufnahme mittels DEP abgeschiedener MWCNT zwischen Elektrodenstrukturen. Darüber befindet sich ein SLB. Abbildung (b) zeigt eine Fluoreszenzaufnahme an der gleichen Stelle, nach Inkubation mit Fluorescein C_{16}. In (c) ist die Überlagerung von (a) und (b) gezeigt.

der unteren Lage der Lipiddoppelschicht im Bereich der SWCNT-Barriere kommt als Erklärung für die reduzierte Diffusion in Frage.

4.5 SLB als Funktionalisierung

Im Kapitel 2.9 wurden einige Konzepte von Biosensoren im Zusammenhang mit SWCNT-FET angesprochen. In der vorliegenden Arbeit wird die Abscheidung der CNT auf der Sensoroberfläche auch als eine topologische Modifikation genutzt. Es kann davon ausgegangen werden, dass SLB in der Nähe der Röhren eine Krümmung erfahren oder zumindest Defekte in der Membran induziert werden. Im Kapitel 2.8 wurden die BAR-Proteine vorgestellt, die Krümmung in Membranen detektieren, indem sie sich bevorzugt in Membranbereichen mit hoher Defektdichte anlagern.

Die Ergebisse und Abbildungen dieses Kapitels 4.5 sind teilweise als Zeitschriftenartikel veröffentlicht worden [69].

Die Abbildung 4.33 zeigt die Hellfeldaufnahme von MWCNT, die zwischen Elektroden abgeschieden worden sind. Über den MWCNT befindet sich ein SLB, der in dieser Aufnahme nicht sichtbar ist. Die Elektroden erscheinen in der Aufnahme schwarz, da das Gold der Elektroden nicht trans-

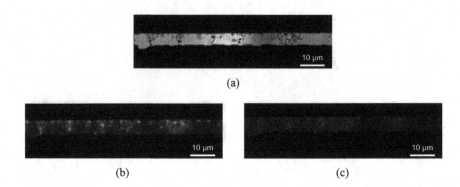

(a)

(b)   (c)

Abbildung 4.34: Abbildung (a) zeigt eine Hellfeldaufnahme mittels DEP abgeschiedener MWCNT zwischen Elektrodenstrukturen. Darüber
befindet sich ein SLB. Abbildung (b) zeigt eine Fluoreszenzaufnahme an der gleichen Stelle, nach Inkubation mit einem
Protein mit der α-Helix von Amphiphysin und einer eGFP-
Markierung. (c) zeigt die Überlagerung von (a) und (b).

parent ist. Längliche Strukturen der MWCNT sind senkrecht zur Kante der
Elektroden zu erkennen (vgl. Abbildung 4.33(a)). Nach der Inkubation sind
Flächen mit einer homogenen Farbe und geringer Intensität festzustellen
(vgl. Abbildung 4.33(b)). Diese Flächen sind typisch für einen planaren
SLB, der kaum Defekte für die Anbindung von Fluorescein C_{16} aufweist.
Außerdem lassen sich die länglichen Strukturen der Hellfeldaufnahme in
der Abbildung 4.33(b) durch eine stärkere Fluoreszenz als in der Fläche
wiederfinden.

Die durch MWCNT induzierte Krümmung kann als Ursache für Defekte
betrachtet werden, die hydrophobe Membranteile zugänglich für eine Wechselwirkung mit den hydrophoben Teilen des Fluorescein C_{16} machen. Auch
die direkte Wechselwirkung mit den CNT durch die obere Lipidschicht
hindurch ist denkbar (vgl. Abbildung 4.29). Durch Experimente mit unterschiedlichen Tensiden für die Dispergierung der CNT könnten die Effekte
möglicherweise unterschieden werden.

In einem nächsten Versuch wurde statt des Fluorescein C_{16} die Probe
mit dem synthetisierten Protein inkubiert (vgl. Kapitel 3.2.5). In der Abbildung 4.34(a) sind MWCNT wieder in einer Hellfeldaufnahme zu sehen. Sie

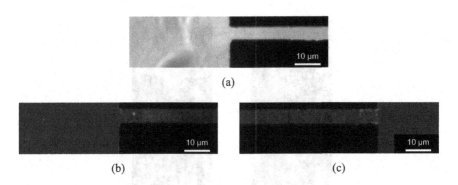

Abbildung 4.35: Abbildung (a) zeigt eine Hellfeldaufnahme mittels DEP abgeschiedener SWCNT zwischen Elektrodenstrukturen. Darüber befindet sich ein SLB. Abbildung (b) zeigt eine Fluoreszenzaufnahme an der gleichen Stelle, nach der Inkubation mit einem Protein mit der α-Helix von Amphiphysin und einer eGFP-Markierung. Abbildung (c) zeigt die gleiche Probe an einer anderen Stelle der Elektroden.

bilden erneut längliche verzweigte Strukturen zwischen den Elektroden. In der Abbildung 4.34(b) ist die Fluoreszenz der Probe nach der Inkubation mit dem synthetischen Protein gezeigt. Die Fluoreszenz zeichnet sehr differenziert die Strukturen nach, die im Hellfeld sichtbar waren. Damit konnte gezeigt werden, dass die Detektion von Defekten bei der Kombination von SLB und MWCNT funktioniert. Die Proteine weisen eine starke Selektivität auf. Sie bevorzugen die Nähe zu den MWCNT.

In einem weiteren Experiment wurde der durch die MWCNT induzierte Krümmungsradius reduziert, indem SWCNT verwendet wurden (Durchmesser: MWCNT $\sim$50 nm, SWCNT $\sim$1 nm). Die Hellfeldaufnahme der Elektroden in der Abbildung 4.35(a) lässt keine SWCNT erkennen. Das hängt mit der geringen Absorption durch eine dünne Schicht bzw. durch einzelne SWCNT zusammen. Während sich die größeren und mehrwandigen MWCNT in den vorhergehenden Abbildungen 4.33(a) und 4.34(a) erkennen ließen, ist das nun im Hellfeld nicht mehr möglich. Die Anordnung könnte durch Rasterkraftmikroskopie untersucht werden, wobei eine ähnliche Ausrichtung, wie in den vorangegangenen Abbildungen zu erwarten

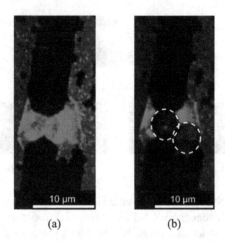

(a)   (b)

Abbildung 4.36: Mobilität der α-Helix auf einem mit NBD-DOPE markierten
SLB. In einem ersten Bleichversuch wurde der eingekreiste
Bereich links in Abbildung (b) gebleicht. Anschließend wurde
noch der Bereich rechts in Abbildung (b) gebleicht. Nach der
Regenerationszeit haben sich die eingekreisten Bereiche auf
das niedrigere Niveau des planaren SLB am Bildrand erholt.

ist bzw. so eine wie sie in der Abbildung 4.24 gezeigt wurde. Die Abbildungen 4.35(b) und 4.35(c) zeigen eine Fluoreszenzaufnahme der gleichen Elektroden am linken bzw. rechten Rand nach der Inkubation mit dem synthetisierten Protein.

Im Vergleich zum vorhergehenden Experiment sind die Strukturen feiner. Im Fluoreszenzbild lassen sich die länglichen Strukturen dielektrophoretisch abgeschiedener CNT erkennen. Demzufolge hat eine gezielte Anlagerung des Proteins in der Nähe der SWCNT stattgefunden. Die Flächen jenseits der Elektroden zeigen keine Adsorption von Protein, was auf einen intakten SLB mit geringer Defektdichte schließen lässt.

Eine weitere Fragestellung war, ob die Proteine nach der selektiven Anbindung in gekrümmten Membranbereichen innerhalb des Bilayers mobil bleiben. Die Abbildung 4.36(a) zeigt von oben nach unten verlaufende Elektroden mit in der Lücke abgeschiedenen SWCNT. Ein mit NBD-DOPE markierter SLB wurde darüber assembliert und mit dem Protein inkubiert.

Dabei hat sich das Protein besonders entlang der abgeschieden SWCNT am SLB angelagert. Die umgebende Fläche weist nur die Fluoreszenz des NBD-DOPE auf.

In der Abbildung 4.36(b) ist eine Aufnahme nach zwei Bleichungsschritten gezeigt. Im ersten Schritt wurde die volle Länge der Elektrodenlücke gebleicht. Um die Fluoreszenz wieder herzustellen, müssten die Proteine quer zur Ausrichtung der SWCNT diffundieren. Die Fluoreszenz erholt sich bis zu dem Niveau der planaren Umgebung. Der SLB ist also intakt und gestattet die freie Diffusion der Lipide. Die Proteine hingegen diffundieren nicht quer zu den SWCNT.

Bei dem rechten eingekreisten Bereich der Abbildung 4.36(b) wurden die Proteine entlang der SWCNT nur auf etwa der Hälfte der Länge gebleicht. Auch hier erholt sich der Anteil der Fluoreszenz, der auf die Lipide zurück geht. Es kommt aber entlang der SWCNT-Achse zu keiner Fluoreszenzregeneration, die auf die Diffusion der Proteine zurückzuführen wäre.

Es soll nun angenommen werden, dass die Krümmung der Membran 1-dimensional entlang der Röhren ausgeprägt ist. Damit müsste die Diffusion ebenfalls 1-dimensional sein. Das lässt sich durch eine Perlenkette veranschaulichen. Selbst wenn die Proteine mobil auf der Perlenschnur bleiben, ist keine Regeneration der Fluoreszenz nach dem Bleichen zu erwarten, da sich die Elemente der Kette gegenseitig blockieren würden. Die längliche Linkerkette des Proteins lässt zusätzlich vermuten, dass die Proteine sich selbst auf einem schmalen Band gegenseitig behindern würden und somit die Fluoreszenzregeneration auch dadurch unterbunden wäre.

Des Weiteren könnten Nahordnungen der Proteine mit den Lipiden für eine Immobilität verantwortlich sein. Oder es besteht eine Wechselwirkung der Proteine mit der Oberfläche der SWCNT, falls die Lipiddoppelschicht im Bereich der SWCNT in der unteren Lage unterbrochen ist (vgl. Abbildung 4.29).

Die Experimente belegen, dass durch das vorgeschlagene Design eine Sensorplattform speziell für BAR-Proteine realisiert werden kann. Es ist davon auszugehen, dass eine Vielzahl ähnlicher Proteine auf der Basis des Einschubs einer ambiphilen Helix in der Nähe der SWCNT gezielt angebunden werden können. Dadurch wird die Beobachtung dieser Proteine und eine mögliche Ladungsübertragung in Reaktionen mit geladenen Analyten möglich. Aufgrund des Designs des Proteins lassen sich aber auch andere Funktionalisierungen realisieren. So können über das Cystein Funktionalisierungen vorgenommen und gezielt geladene Analyten in die Nähe der SWCNT gebracht werden. Dies ermöglicht den Übergang von einer flächenhaften Funktionalisierung einer Sensoroberfläche hin zu einer linienförmigen Funktionalisierung, was zu einer Verbesserung der Nachweisgrenze führt.

5 Resumee

Die vorliegende Arbeit hat sich dem Thema der Feldeffekttransistor (FET)-Biosensoren, die einwandige Kohlenstoffnanoröhren - *single-walled carbon nanotubes* (SWCNT) nutzen, von ganz unterschiedlichen Seiten genähert. Es wurden Fortschritte in verschidenen Bereichen des Sensoraufbaus realisiert:

- Die Methode der Gel-Chromatographie fand Anwendung zur Sortierung mehrerer SWCNT-Ausgangsmaterialien nach deren elektrischem Typ.

- Für eine schnelle und detaillierte Charakterisierung sortierter Proben wurde eine neue, quantitative Auswertungsmethode entwickelt, welche die chirale Zusammensetzung mittels UV/VIS-Spektroskopie evaluieren kann.

- FET wurden aus sortierten SWCNT-Dispersionen mittels Dielektrophorese (DEP) in einem Schritt assembliert.

- Durch die Verwendung von krümmungssensitiven Molekülen und Proteinen ist ein Übergang von der typischen 2-dimensionalen Funktionalisierung von Biosensoroberflächen hin zu einer der Geometrie des sensitiven Elements (also den SWCNT) angepassten 1-dimensionalen Form gelungen.

Eine Sortierung von SWCNT nach deren elektrischen Eigenschaften vor der Integration in FET-Bauelemente hat den Vorteil, dass ein Durchbrennen metallischer Verbindungen überflüssig wird. In der Arbeit wurde Gel-Chromatographie zur Sortierung verwendet. Eine Besonderheit stellte die Anwendung auf mittels chemische Gasphasenabscheidung - *chemical vapour deposition* (CVD)-Verfahren hergestellte und insbesondere mittels selektivem Wachstum hergestellte SWCNT dar. Es konnte gezeigt werden, dass das einmalige Aufreinigen bezüglich der elektrischen Eigenschaften für die direkte Assemblierung von FET mit hinreichenden Schaltverhältnissen ausreichend ist. Die Messung von ON- und OFF-Strom ergab ein Schaltverhältnis von einer Größenordnung. Damit ist eine Ausweitung der Gel-Chromatographie auf weitere Herstellungsverfahren gelungen.

UV/VIS-Spektroskopie ist eine in der Literatur häufig verwendete Methode zur Charakterisierung von SWCNT-Dispersionen. Die Interpretation der Spektren hat dabei zumeist qualitativen Charakter, während andere Methoden wie Photolumineszenz und Raman-Spektroskopie für quantitative Untersuchungen verwendet werden. Photolumineszenz-Messungen hingegen sind zeitaufwendig und erfordern zudem die Verwendung von D_2O. Raman-Messungen benötigen eine spezielle Probenvorbereitung. UV/VIS-Messungen lassen sich im Gegensatz dazu mit Standardlaborequipment innerhalb weniger Minuten durchführen.

In der vorliegenden Arbeit ist eine Methode entwickelt worden, die zum ersten Mal optische Übergangsmatrixelemente der Absorption nutzt, um die Anteile einzelner Chiralitäten in der Probe zu bestimmen. Die Methode erlaubt nach einmaliger Photolumineszenz-Messung oder bei guter Kenntnis der Durchmesserverteilung routiniert und mit nur einer Messung des UV/VIS-Spektrums den metallischen bzw. halbleitenden Anteil zu quantifizieren. Falls nur wenige Chiralitäten vertreten sind, wie beispielsweise bei Proben aus selektivem Wachstum bezüglich des Durchmessers, können die Anteile einzelner Chiralitäten bestimmt werden. Die Sortierung einer solchen Probe mit hohem (6,5)-Anteil ergab eine Steigerung des halbleitenden Anteils von 61 % auf 72 %. Es konnte gezeigt werden, dass dabei der Anteil der (6,5)-Röhren innerhalb der halbleitenden Fraktion fast konstant bleibt, während sich die Anteile anderer Chiralitäten stark verschieben.

In der vorliegenden Arbeit wurden Spektren bis in den NIR-Bereich aufgenommen. Dadurch konnten die Ergebnisse intern zwischen Absorptionsbanden der E_{11}^S- und der E_{22}^S-Banden auf ihre Kohärenz geprüft werden. Es wurde eine hohe Übereinstimmung zwischen den aus den E_{11}^S- und den E_{22}^S-Banden berechneten Werten gefunden. Zuküftig sollte die Methode auf eine größere Anzahl von Proben, insbesondere auf hochreine Proben aus Dichtegradientenzentrifugation - *density gradient ultracentrifugation* (DGU)- oder *Multicolumn*-Gel-Chromatographie-Experimenten angewendet werden, um anschließend mit den etablierten Charakterisierungsmethoden vergleichen zu können.

Als Modellsystem einer Biomembran wurde die substratunterstützte Doppellipidschicht - *supported lipid bilayer* (SLB) verwendet. Um die Qualität der Membranen zu prüfen, wurden Experimente zur Fluoreszenzregeneration nach Photobleichung - *fluorescent recovery after photobleaching* (FRAP) durchgeführt. Die gemessenen Diffusionskonstanten mit Werten zwischen $2.78 \, \text{m}^2 \, \text{s}^{-1}$ und $3.99 \, \text{m} \, \text{s}^{-2}$ bestätigten die hohe Qualität der SLB. Unterschiede der Messwerte konnten mit einer mangelhaften Reinigung der Substrate oder durch pH-Wertänderungen erklärt werden.

Ein weiterer Teil des Sensoraufbaus waren Goldelektroden. In einem Experiment konnte gezeigt werden, dass Goldstrukturen Barrieren für die Diffusion innerhalb eines SLB darstellen. Mit diesem Ergebnis übereinstimmend ergaben FRAP-Messungen innerhalb der $5 \, \text{m}$ breiten Spalte eine reduzierte effektive Diffusionskonstante.

Ein FRAP-Datensatz wurde unter Berücksichtigung der Geometrie der Elektroden berechnet. Die Rechnung verwendete eine Diffusionskonstante von $4 \, \text{m} \, \text{s}^{-2}$. Durch den Fit der theoretischen Werte mit der herkömmlichen Fit-Funktion konnten die reduzierten effektiven Diffusionskonstanten bis auf eine geringe Abweichung reproduziert werden. So konnte gezeigt werden, dass die Qualität der SLB innerhalb wie außerhalb der Elektrodenlücken gleich ist.

Eine der Assemblierung des SLB vorausgegangene Abscheidung von Kohlenstoffnanoröhren - *carbon nanotubes* (CNT) verursacht eine Krümmung im SLB. Durch die gezeigte Modellrechnung, ist es leicht möglich den Einfluss der durch die eingebrachten CNT geänderten Morphologie auf die Diffusionskonstante zu quantifizieren. Das durchgeführte Experiment ergab eine Halbierung der Diffusionskonstante. Neben einer krümmungsbedingten Reduktion könnte auch die Unterbrechung der unteren Schicht der Doppellipidschicht eine Erklärung für die in diesem Fall gemessene Halbierung der Diffusionskonstante sein.

Weitere Tests zur Gültigkeit des Ansatzes lassen sich durchführen, indem weitere beschränkte Geometrien entwickelt und mit ebenso angepassten theoretischen Lösungen verglichen werden. Aufschluss über die Morphologie des SLB über den SWCNT könnte die Bestimmung der Diffusionskonstante aus Experimenten mit unterschiedlichen Tensiden und Tensidkonzentrationen geben.

Für die Inkubation des gekrümmten SLB mit krümmungssensitiven Proteinen wurde eine selektive Anlagerung in der Nähe der CNT beobachtet. Insbesondere bei der Verwendung von SWCNT zeigte sich eine sehr feine linienförmige Anordnung. Das Protein lässt sich also in einem Selbstassemblierungsprozess 1-dimensional entlang der SWCNT in den SLB integrieren.

Die Frage nach der Mobilität der Proteine innerhalb des SLB nach der Inkubation bleibt ungeklärt. Sowohl die sterische Behinderung einer 1-dimensionalen Diffusion der Proteine als auch eine immobile Integration der Proteine erklärt die fehlende Fluoreszenzregeneration nach dem Bleichen der Proteine, die in der Nähe von CNT angebunden sind.

Abschließend soll ein Ausblick gegeben werden, wie sich der krümmungssensitive Biomembransensor praktisch realisieren lässt. Mit einem vollständigen Aufbau inklusive Elektrodenisolation und Gate-Elektrode in der Flüssigkeit könnte zunächst versucht werden, durch den Vergleich der Eingangskennlinien vor und nach Inkubation die Anbindung von Proteinen über elektrostatische Änderungen nachzuweisen.

Die Anbindungskinetik des in der Arbeit verwendeten künstlichen Proteins könnte während der Inkubation durch eine zeitlich aufgelöste Messung beobachtet werden. Falls das System in diesen Fällen nicht sensitiv genug ist, ließe sich das Cystein zum Anbinden einer geladenen Gruppe nutzen. Auf diese Weise könnten auch andere funktionelle Gruppen selektiv in der Nähe der SWCNT verankert werden, um durch eine Wechselwirkung mit diesen funktionellen Gruppen andere Substanzen als die verwendeten Proteine zu detektieren.

Weitere Fragestellungen könnten die Mobilität der Proteine im SLB oder Protein-Protein-Wechselwirkungen betreffen. Aus einer Konkurrenz von krümmungssensitiven Proteinen und Molekülen könnten einige thermodynamische Größen durch Variation der Temperatur gewonnen werden.

Literaturverzeichnis

[1] Michael S. Arnold, Alexander A. Green, James F. Hulvat, Samuel I. Stupp, and Mark C. Hersam, *Sorting carbon nanotubes by electronic structure using density differentiation*, Nature Nanotechnology 1 (October 2006), no. 1, 60–65.

[2] Kevin D. Ausman, Richard Piner, Oleg Lourie, Rodney S. Ruoff, and Mikhail Korobov, *Organic solvent dispersions of single-walled carbon nanotubes: Toward solutions of pristine nanotubes*, The Journal of Physical Chemistry B 104 (September 2000), no. 38, 8911–8915.

[3] D. Axelrod, D.E. Koppel, J. Schlessinger, E. Elson, and W.W. Webb, *Mobility measurement by analysis of fluorescence photobleaching recovery kinetics*, Biophysical Journal 16 (September 1976), no. 9, 1055–1069.

[4] S. M. Bachilo, *Structure-assigned optical spectra of single-walled carbon nanotubes*, Science 298 (November 2002), no. 5602, 2361–2366.

[5] Sergei M. Bachilo, Leandro Balzano, Jose E. Herrera, Francisco Pompeo, Daniel E. Resasco, and R. Bruce Weisman, *Narrow (n,m) - distribution of single-walled carbon nanotubes grown using a solid supported catalyst*, Journal of the American Chemical Society 125 (September 2003), no. 37, 11186–11187.

[6] Vikram K Bhatia, Kenneth L Madsen, Pierre-Yves Bolinger, Andreas Kunding, Per Hedegård, Ulrik Gether, and Dimitrios Stamou, *Amphipathic motifs in BAR domains are essential for membrane curvature sensing*, The EMBO Journal 28 (October 2009), no. 21, 3303–3314.

[7] Adam J. Blanch, Claire E. Lenehan, and Jamie S. Quinton, *Optimizing surfactant concentrations for dispersion of single-walled carbon nanotubes in aqueous solution*, The Journal of Physical Chemistry B 114 (August 2010), no. 30, 9805–9811.

[8] Carolin Blum, Ninette Stürzl, Frank Hennrich, Sergei Lebedkin, Sebastian Heeg, Heiko Dumlich, Stephanie Reich, and Manfred M. Kappes, *Selective bundling of zigzag single-walled carbon nanotubes*, ACS Nano 5 (April 2011), no. 4, 2847–2854.

[9] Keith Bradley, John Cumings, Alexander Star, Jean-Christophe P. Gabriel, and George Grüner, *Influence of mobile ions on nanotube based FET devices*, Nano Letters 3 (May 2003), no. 5, 639–641.

[10] Michael J. Bronikowski, Peter A. Willis, Daniel T. Colbert, K. A. Smith, and Richard E. Smalley, *Gas-phase production of carbon single-walled nanotubes from carbon monoxide via the HiPco process: A parametric study*, Journal of Vacuum Science & Technology A: Vacuum, Surfaces, and Films 19 (May 2001), no. 4, 1800.

[11] H. S. Carslaw, *Conduction of heat in solids*, 2., Clarendon Press; Oxford University Press, Oxford: New York, 1986.

[12] E. J.F Carvalho and M. C dos Santos, *Role of surfactants in carbon nanotubes density gradient separation* (January 2010).

[13] Yee-Hung M Chan and Steven G Boxer, *Model membrane systems and their applications*, Current Opinion in Chemical Biology **11** (December 2007), no. 6, 581–587.

[14] Yusheng Chen, Yongqian Xu, Qiuming Wang, Rosi N. Gunasinghe, Xiao-Qian Wang, and Yi Pang, *Highly selective dispersion of carbon nanotubes by using poly(phenyleneethynylene)-guided supermolecular assembly*, Small **9** (March 2013), no. 6, 870–875.

[15] Y. Dappe, R. Oszwaldowski, P. Pou, J. Ortega, R. Pérez, and F. Flores, *Local-orbital occupancy formulation of density functional theory: Application to si, c, and graphene*, Physical Review B **73** (June 2006), no. 23.

[16] John C. Dawson, John A. Legg, and Laura M. Machesky, *Bar domain proteins: a role in tubulation, scission and actin assembly in clathrin-mediated endocytosis*, Trends in Cell Biology **16** (October 2006), no. 10, 493–498.

[17] M. F. L. De Volder, S. H. Tawfick, R. H. Baughman, and A. J. Hart, *Carbon nanotubes: Present and future commercial applications*, Science **339** (January 2013), no. 6119, 535–539.

[18] Maria Dimaki and Peter Bøggild, *Dielectrophoresis of carbon nanotubes using microelectrodes: a numerical study*, Nanotechnology **15** (August 2004), no. 8, 1095–1102.

[19] M Dresselhaus, G Dresselhaus, R Saito, and A Jorio, *Raman spectroscopy of carbon nanotubes*, Physics Reports **409** (March 2005), no. 2, 47–99.

[20] M. Dresselhaus, G. Dresselhaus, and Riichiro Saito, *Carbon fibers based on c60 and their symmetry*, Physical Review B **45** (March 1992), no. 11, 6234–6242.

[21] Guillaume Drin, Jean-François Casella, Romain Gautier, Thomas Boehmer, Thomas U Schwartz, and Bruno Antonny, *A general amphipathic α-helical motif for sensing membrane curvature*, Nature Structural & Molecular Biology **14** (January 2007), no. 2, 138–146.

[22] Morinobu Endo, Kenji Takeuchi, Susumu Igarashi, Kiyoharu Kobori, Minoru Shiraishi, and Harold W. Kroto, *The production and structure of pyrolytic carbon nanotubes (PCNTs)*, Journal of Physics and Chemistry of Solids **54** (December 1993), no. 12, 1841–1848.

[23] Benjamin S. Flavel, Manfred M. Kappes, Ralph Krupke, and Frank Hennrich, *Separation of single-walled carbon nanotubes by 1-dodecanol-mediated size-exclusion chromatography*, ACS Nano **7** (April 2013), no. 4, 3557–3564.

[24] Aaron D. Franklin, Mathieu Luisier, Shu-Jen Han, George Tulevski, Chris M. Breslin, Lynne Gignac, Mark S. Lundstrom, and Wilfried Haensch, *Sub-10 nm carbon nanotube transistor*, Nano Letters **12** (February 2012), no. 2, 758–762.

[25] Guanghua Gao, Tahir Cagin, and William A. Goddard III, *Energetics, structure, mechanical and vibrational properties of single-walled carbon nanotubes*, Nanotechnology **9** (January 1998), no. 3, 184.

[26] Saunab Ghosh, Sergei M. Bachilo, and R. Bruce Weisman, *Advanced sorting of single-walled carbon nanotubes by nonlinear density-gradient ultracentrifugation*, Nature Nanotechnology **5** (May 2010), no. 6, 443–450.

[27] H. Golnabi, *Carbon nanotube research developments in terms of published papers and patents, synthesis and production*, Scientia Iranica **19** (December 2012), no. 6, 2012–2022.

[28] G. Gruner, *Carbon nanotube transistors for biosensing applications*, Analytical and Bioanalytical Chemistry **384** (August 2005), 322–335.

[29] Ting Guo, Pavel Nikolaev, Andreas Thess, D. T. Colbert, and R. E. Smalley, *Catalytic growth of single-walled manotubes by laser vaporization*, Chemical Physics Letters **243** (September 1995), no. 1, 49–54.

[30] Jason H. Hafner, Michael J. Bronikowski, Bobak R. Azamian, Pavel Nikolaev, Andrew G. Rinzler, Daniel T. Colbert, Ken A. Smith, and Richard E. Smalley, *Catalytic growth of single-wall carbon nanotubes from metal particles*, Chemical Physics Letters **296** (October 1998), no. 1-2, 195–202.

[31] Nikos S Hatzakis, Vikram K Bhatia, Jannik Larsen, Kenneth L Madsen, Pierre-Yves Bolinger, Andreas H Kunding, John Castillo, Ulrik Gether, Per Hedegård, and Dimitrios Stamou, *How curved membranes recruit amphipathic helices and protein anchoring motifs*, Nature Chemical Biology **5** (September 2009), no. 11, 835–841.

[32] Atsushi Hirano, Takeshi Tanaka, and Hiromichi Kataura, *Thermodynamic determination of the Metal/Semiconductor separation of carbon nanotubes using hydrogels*, ACS Nano **6** (November 2012), no. 11, 10195–10205.

[33] Shih-Chieh J. Huang, Alexander B. Artyukhin, Nipun Misra, Julio A. Martinez, Pieter A. Stroeve, Costas P. Grigoropoulos, Jiann-Wen W. Ju, and Aleksandr Noy, *Carbon nanotube transistor controlled by a biological ion pump gate*, Nano Letters **10** (May 2010), no. 5, 1812–1816.

[34] Imad Ibrahim, Alicja Bachmatiuk, Mark H. Rümmeli, Ulrike Wolff, Alexey Popov, Olga Boltalina, Bernd Büchner, and Gianaurelio Cuniberti, *Growth of catalyst-assisted and catalyst-free horizontally aligned single wall carbon nanotubes*, physica status solidi (b) **248** (November 2011), no. 11, 2467–2470.

[35] Sumio Iijima, *Helical microtubules of graphitic carbon*, Nature **354** (November 1991), no. 6348, 56–58.

[36] Sumio Iijima and Toshinari Ichihashi, *Single-shell carbon nanotubes of 1-nm diameter*, Nature **363** (June 1993), no. 6430, 603–605.

[37] C. L. Jackson, *Mechanisms of transport through the golgi complex*, Journal of Cell Science **122** (February 2009), no. 4, 443–452.

[38] Christopher B. Jacobs, M. Jennifer Peairs, and B. Jill Venton, *Review: Carbon nanotube based electrochemical sensors for biomolecules*, Analytica Chimica Acta **662** (March 2010), no. 2, 105–127.

[39] Rishabh M. Jain, Rachel Howden, Kevin Tvrdy, Steven Shimizu, Andrew J. Hilmer, Thomas P. McNicholas, Karen K. Gleason, and Michael S. Strano, *Polymer-free near-infrared photovoltaics with single chirality (6,5) semiconducting carbon nanotube active layers*, Advanced Materials **24** (August 2012), no. 32, 4436–4439.

[40] Ali Javey, Jing Guo, Qian Wang, Mark Lundstrom, and Hongjie Dai, *Ballistic carbon nanotube field-effect transistors*, Nature **424** (August 2003), no. 6949, 654–657.

[41] Seok Ho Jeong, Ki Kang Kim, Seok Jin Jeong, Kay Hyeok An, Seung Hee Lee, and Young Hee Lee, *Optical absorption spectroscopy for determining carbon nanotube concentration in solution*, Synthetic Metals **157** (July 2007), no. 13-15, 570–574.

[42] T. B. Jones, *Electromechanics of particles*, Digitally printed 1st pbk. version, Cambridge University Press, Cambridge; New York, 2005.

[43] A. Jorio, C. Fantini, M. Pimenta, R. Capaz, Ge. Samsonidze, G. Dresselhaus, M. Dresselhaus, J. Jiang, N. Kobayashi, A. Grüneis, and R. Saito, *Resonance raman spectroscopy (n,m)-dependent effects in small-diameter single-wall carbon nanotubes*, Physical Review B **71** (February 2005), no. 7.

[44] C. Journet, W. K. Maser, P. Bernier, A. Loiseau, M. Lamy De La Chapelle, de la S. Lefrant, P. Deniard, R. Lee, and J. E. Fischer, *Large-scale production of single-walled carbon nanotubes by the electric-arc technique*, Nature **388** (August 1997), no. 6644, 756–758.

[45] Juliane Posseckardt, *Sortierung von kohlenstoffnanoröhren und deren anwendung als aktive elemente in feldeffekttransistoren*, Ph.D. Thesis, Dresden, 2012 (deutsch).

[46] H Kataura, Y Kumazawa, Y Maniwa, I Umezu, S Suzuki, Y Ohtsuka, and Y Achiba, *Optical properties of single-wall carbon nanotubes*, Synthetic Metals **103** (June 1999), no. 1-3, 2555–2558.

[47] C. A. Keller and B. Kasemo, *Surface specific kinetics of lipid vesicle adsorption measured with a quartz crystal microbalance*, Biophysical journal **75** (1998), no. 3, 1397–1402.

[48] R. Krupke, *Separation of metallic from semiconducting single-walled carbon nanotubes*, Science **301** (July 2003), no. 5631, 344–347.

[49] Brian J. Landi, Herbert J. Ruf, Chris M. Evans, Cory D. Cress, and Ryne P. Raffaelle, *Purity assessment of single-wall carbon nanotubes, using optical absorption spectroscopy*, The Journal of Physical Chemistry B **109** (May 2005), no. 20, 9952–9965.

[50] Sergei Lebedkin, Frank Hennrich, Tatyana Skipa, and Manfred M. Kappes, *Near-infrared photoluminescence of single-walled carbon nanotubes prepared by the laser vaporization method*, The Journal of Physical Chemistry B **107** (March 2003), no. 9, 1949–1956.

[51] Huaping Liu, Daisuke Nishide, Takeshi Tanaka, and Hiromichi Kataura, *Large-scale single-chirality separation of single-wall carbon nanotubes by simple gel chromatography*, Nature Communications **2** (May 2011), 309.

[52] Huaping Liu, Takeshi Tanaka, Yasuko Urabe, and Hiromichi Kataura, *High-efficiency single-chirality separation of carbon nanotubes using temperature-controlled gel chromatography*, Nano Letters (April 2013), 1996–2003.

[53] Kaihui Liu, Jack Deslippe, Fajun Xiao, Rodrigo B. Capaz, Xiaoping Hong, Shaul Aloni, Alex Zettl, Wenlong Wang, Xuedong Bai, Steven G. Louie, Enge Wang, and Feng Wang, *An atlas of carbon nanotube optical transitions*, Nature Nanotechnology **7** (April 2012), no. 5, 325–329.

[54] Song Liu and Xuefeng Guo, *Carbon nanomaterials field-effect-transistor-based biosensors*, NPG Asia Materials **4** (August 2012), no. 8, e23.

[55] R. C MacDonald, R. I MacDonald, B. P.M Menco, K. Takeshita, N. K Subbarao, and L. Hu, *Small-volume extrusion apparatus for preparation of large, unilamellar vesicles*, Biochimica et Biophysica Acta (BBA)-Biomembranes **1061** (July 1991), no. 2, 297–303.

[56] Dr. S. Maruyama, *Kataura-plot for resonant raman*, 1.8.2010. University of Tokyo.

[57] Werner Marx and Andreas Barth, *Carbon nanotubes - a scientometric study*, physica status solidi (b) **245** (October 2008), no. 10, 2347–2351.

[58] Olga Matarredona, Heather Rhoads, Zhongrui Li, Jeffrey H. Harwell, Leandro Balzano, and Daniel E. Resasco, *Dispersion of single-walled carbon nanotubes in aqueous solutions of the anionic surfactant NaDDBS*, The Journal of Physical Chemistry B **107** (December 2003), 13357–13367.

[59] J. W. Mintmire and C. T. White, *Universal density of states for carbon nanotubes*, Physical review letters **81** (September 1998), no. 12, 2506–2509.

[60] H Morgan, *Dielectrophoretic manipulation of rod-shaped viral particles*, Journal of Electrostatics **42** (December 1997), no. 3, 279–293.

[61] Kai Moshammer, Frank Hennrich, and Manfred M. Kappes, *Selective suspension in aqueous sodium dodecyl sulfate according to electronic structure type allows simple separation of metallic from semiconducting single-walled carbon nanotubes*, Nano Research **2** (August 2009), no. 8, 599–606.

[62] Huarong Nie, Mengmeng Cui, and Thomas P. Russell, *A route to rapid carbon nanotube growth*, Chemical Communications **49** (April 2013), no. 45, 5159.

[63] Pavel Nikolaev, Michael J. Bronikowski, R. Kelley Bradley, Frank Rohmund, Daniel T. Colbert, K. A. Smith, and Richard E. Smalley, *Gas-phase catalytic growth of single-walled carbon nanotubes from carbon monoxide*, Chemical physics letters **313** (December 1999), no. 1, 91–97.

[64] Adrian Nish, Jeong-Yuan Hwang, James Doig, and Robin J. Nicholas, *Highly selective dispersion of single-walled carbon nanotubes using aromatic polymers*, Nature Nanotechnology **2** (September 2007), no. 10, 640–646.

[65] Agnes Oberlin, M. Endo, and T. Koyama, *Filamentous growth of carbon through benzene decomposition*, Journal of Crystal Growth **32** (March 1976), no. 3, 335–349.

[66] M. J. O'Connell, *Band gap fluorescence from individual single-walled carbon nanotubes*, Science **297** (July 2002), no. 5581, 593–596.

[67] Haruka Omachi, Takuya Nakayama, Eri Takahashi, Yasutomo Segawa, and Kenichiro Itami, *Initiation of carbon nanotube growth by well-defined carbon nanorings*, Nature Chemistry **5** (May 2013), no. 7, 572–576.

[68] Frieder Ostermaier and Michael Mertig, *Sorting of CVD-grown single-walled carbon nanotubes by means of gel column chromatography*, physica status solidi (b) **250** (2013), no. 12, 2564–2568.

[69] Frieder Ostermaier, Linda Scharfenberg, Kristian Schneider, Stefan Hennig, Kai Ostermann, Juliane Posseckardt, Gerhard Rödel, and Michael Mertig, *From 2d to 1d functionalization: Steps towards a carbon nanotube based biomembrane sensor for curvature sensitive proteins: From 2d to 1d functionalization*, physica status solidi (a) **212** (June 2015), no. 6, 1389–1394 (en).

[70] John P. Overington, Bissan Al-Lazikani, and Andrew L. Hopkins, *How many drug targets are there?*, Nature reviews Drug discovery **5** (December 2006), no. 12, 993–996.

[71] Y. Oyama, R. Saito, K. Sato, J. Jiang, Ge. G. Samsonidze, A. Grüneis, Y. Miyauchi, S. Maruyama, A. Jorio, G. Dresselhaus, and M.S. Dresselhaus, *Photoluminescence intensity of single-wall carbon nanotubes*, Carbon **44** (April 2006), no. 5, 873–879.

[72] Hongsik Park, Ali Afzali, Shu-Jen Han, George S. Tulevski, Aaron D. Franklin, Jerry Tersoff, James B. Hannon, and Wilfried Haensch, *High-density integration of carbon nanotubes via chemical self-assembly*, Nat Nano **7** (December 2012), no. 12, 787–791.

[73] B. J. Peter, *BAR domains as sensors of membrane curvature: The amphiphysin BAR structure*, Science **303** (January 2004), no. 5657, 495–499.

[74] Robert D. Phair, Stanislaw A. Gorski, and Tom Misteli, *Measurement of dynamic protein binding to chromatin in vivo, using photobleaching microscopy*, Methods in enzymology, 2003, pp. 393–414.

[75] Kristen L. Pierce, Richard T. Premont, and Robert J. Lefkowitz, *Signalling: Seven-transmembrane receptors*, Nature Reviews Molecular Cell Biology **3** (September 2002), no. 9, 639–650.

[76] Juliane Posseckardt, Yann Battie, Romain Fleurier, Jean-Sébastien Lauret, Annick Loiseau, Oliver Jost, and Michael Mertig, *Improved sorting of carbon nanotubes according to electronic type by density gradient ultracentrifugation*, physica status solidi (b) **247** (September 2010), no. 11-12, 2687–2690.

[77] Eduard G Rakov, *Carbon nanotubes in new materials*, Russian Chemical Reviews **82** (January 2013), no. 1, 27–47.

[78] Stephanie Reich, Christian Thomsen, and John Robertson, *Exciton resonances quench the photoluminescence of zigzag carbon nanotubes*, Physical Review Letters **95** (August 2005), no. 7.

[79] R Saito, *Physical properties of carbon nanotubes*, Imperial College Press, London, 1998.

[80] R. Saito, G. Dresselhaus, and M. S. Dresselhaus, *Trigonal warping effect of carbon nanotubes*, Physical Review B **61** (September 2000), no. 4, 2981–2990.

[81] R. Saito, K. Sato, Y. Oyama, J. Jiang, Ge. Samsonidze, G. Dresselhaus, and M. Dresselhaus, *Cutting lines near the fermi energy of single-wall carbon nanotubes*, Physical Review B **72** (October 2005), no. 15.

[82] Stefan Semrau and Thomas Schmidt, *Membrane heterogeneity – from lipid domains to curvature effects*, Soft Matter **5** (September 2009), no. 17, 3174.

[83] Dong Hun Shin, Ji-Eun Kim, Hyung Cheoul Shim, Jin-Won Song, Ju-Hyung Yoon, Joondong Kim, Sohee Jeong, Junmo Kang, Seunghyun Baik, and Chang-Soo Han, *Continuous extraction of highly pure metallic single-walled carbon nanotubes in a microfluidic channel*, Nano Letters **8** (December 2008), no. 12, 4380–4385.

[84] S. J. Singer and G. L. Nicolson, *The fluid mosaic model of the structure of cell membranes*, Science **175** (February 1972), no. 4023, 720–731.

[85] Richard E. Smalley and Boris I. Yakobson, *The future of the fullerenes*, Solid state communications **107** (August 1998), no. 11, 597–606.

[86] D.M. Soumpasis, *Theoretical analysis of fluorescence photobleaching recovery experiments*, Biophysical Journal **41** (January 1983), no. 1, 95 –97.

[87] Michael S. Strano, *Probing chiral selective reactions using a revised kataura plot for the interpretation of single-walled carbon nanotube spectroscopy*, Journal of the American Chemical Society **125** (December 2003), no. 51, 16148–16153.

[88] Hisashi Sugime, Suguru Noda, Shigeo Maruyama, and Yukio Yamaguchi, *Multiple "optimum" conditions for Co–Mo catalyzed growth of vertically aligned single-walled carbon nanotube forests*, Carbon **47** (January 2009), no. 1, 234–241.

[89] Andrea Szabó, Caterina Perri, Anita Csató, Girolamo Giordano, Danilo Vuono, and János B. Nagy, *Synthesis methods of carbon nanotubes and related materials*, Materials **3** (May 2010), no. 5, 3092–3140.

[90] Sebastian Taeger, *Noncovalent sidewall functionalization of carbon nanotubes by biomolecules: Single-stranded DNA and hydrophobin*, AIP conference proceedings, March 2005, pp. 262–265.

[91] Sebastian Taeger and Michael Mertig, *Self-assembly of high performance multi-tube carbon nanotube field-effect transistors by ac dielectrophoresis*, International Journal of Materials Research (August 2007), 740–746.

[92] Takeshi Tanaka, Huaping Liu, Shunjiro Fujii, and Hiromichi Kataura, *From metal/semiconductor separation to single-chirality separation of single-wall carbon nanotubes using gel*, physica status solidi (RRL) - Rapid Research Letters **5** (September 2011), 301–306.

[93] Masayoshi Tange, Toshiya Okazaki, and Sumio Iijima, *Selective extraction of semiconducting single-wall carbon nanotubes by poly(9,9-dioctylfluorene-alt-pyridine) for 1.5 μm emission*, ACS Applied Materials & Interfaces **4** (December 2012), no. 12, 6458–6462.

[94] Mauricio Terrones, *SCIENCE AND TECHNOLOGY OF THE TWENTY - FIRST CENTURY: synthesis, properties, and applications of carbon nanotubes*, Annual Review of Materials Research **33** (August 2003), no. 1, 419–501.

[95] A. Thess, R. Lee, P. Nikolaev, H. Dai, P. Petit, J. Robert, C. Xu, Y. H. Lee, S. G. Kim, A. G. Rinzler, D. T. Colbert, G. E. Scuseria, D. Tomanek, J. E. Fischer, and R. E. Smalley, *Crystalline ropes of metallic carbon nanotubes*, Science **273** (July 1996), no. 5274, 483–487.

[96] Xiaomin Tu, Suresh Manohar, Anand Jagota, and Ming Zheng, *DNA sequence motifs for structure-specific recognition and separation of carbon nanotubes*, Nature **460** (July 2009), no. 7252, 250–253.

[97] Naga Rajesh Tummala and Alberto Striolo, *SDS surfactants on carbon nanotubes: Aggregate morphology*, ACS Nano **3** (March 2009), 595–602.

[98] Eike Verdenhalven, *persönliche korrespondenz*, 29.4.2014. Technische Universität Berlin.

[99] Eike Verdenhalven and Ermin Malić, *Excitonic absorption intensity of semiconducting and metallic carbon nanotubes*, Journal of Physics: Condensed Matter **25** (June 2013), no. 24, 245302.

[100] Aravind Vijayaraghavan, Sabine Blatt, Daniel Weissenberger, Matti Oron-Carl, Frank Hennrich, Dagmar Gerthsen, Horst Hahn, and Ralph Krupke, *Ultra-large-scale directed assembly of single-walled carbon nanotube devices*, Nano Letters **7** (June 2007), no. 6, 1556–1560.

[101] Xueshen Wang, Qunqing Li, Jing Xie, Zhong Jin, Jinyong Wang, Yan Li, Kaili Jiang, and Shoushan Fan, *Fabrication of ultralong and electrically uniform single-walled carbon nanotubes on clean substrates*, Nano Letters **9** (September 2009), no. 9, 3137–3141.

[102] R. Bruce Weisman and Sergei M. Bachilo, *Dependence of optical transition energies on structure for single-walled carbon nanotubes in aqueous suspension an empirical kataura plot*, Nano Letters **3** (September 2003), no. 9, 1235–1238.

[103] W. Wenseleers, I. I. Vlasov, E. Goovaerts, E. D. Obraztsova, A. S. Lobach, and A. Bouwen, *Efficient isolation and solubilization of pristine single-walled nanotubes in bile salt micelles*, Advanced Functional Materials **14** (November 2004), no. 11, 1105–1112.

[104] Zhijun Xu, Xiaoning Yang, and Zhen Yang, *A molecular simulation probing of structure and interaction for supramolecular sodium dodecyl Sulfate/Single-Wall carbon nanotube assemblies*, Nano Letters **10** (March 2010), 985–991.

[105] Zhen Yao, Charles Kane, and Cees Dekker, *High-field electrical transport in single-wall carbon nanotubes*, Physical Review Letters **84** (March 2000), no. 13, 2941–2944.

[106] Min-Feng Yu, Bradley S. Files, Sivaram Arepalli, and Rodney S. Ruoff, *Tensile loading of ropes of single wall carbon nanotubes and their mechanical properties*, Physical review letters **84** (June 2000), no. 24, 5552.

[107] Xuechun Yu, Jin Zhang, WonMook Choi, Jae-Young Choi, Jong Min Kim, Liangbing Gan, and Zhongfan Liu, *Cap formation engineering: From opened c 60 to single-walled carbon nanotubes*, Nano Letters **10** (September 2010), no. 9, 3343–3349.

[108] Dongning Yuan, Lei Ding, Haibin Chu, Yiyu Feng, Thomas P. McNicholas, and Jie Liu, *Horizontally aligned single-walled carbon nanotube on quartz from a large variety of metal catalysts*, Nano Letters **8** (August 2008), no. 8, 2576–2579.

[109] Koray Yurekli, Cynthia A. Mitchell, and Ramanan Krishnamoorti, *Small-angle neutron scattering from surfactant-assisted aqueous dispersions of carbon nanotubes*, Journal of the American Chemical Society **126** (August 2004), no. 32, 9902–9903.

[110] M. Zheng, *Structure-based carbon nanotube sorting by sequence-dependent DNA assembly*, Science **302** (November 2003), no. 5650, 1545–1548.

[111] Ming Zheng, Anand Jagota, Ellen D. Semke, Bruce A. Diner, Robert S. Mclean, Steve R. Lustig, Raymond E. Richardson, and Nancy G. Tassi, *DNA-assisted dispersion and separation of carbon nanotubes*, Nature Materials **2** (April 2003), no. 5, 338–342.

[112] Ralf Zimmermann, David Küttner, Lars Renner, Martin Kaufmann, and Carsten Werner, *Fluidity modulation of phospholipid bilayers by electrolyte ions: Insights from fluorescence microscopy and microslit electrokinetic experiments*, The Journal of Physical Chemistry A **116** (June 2012), no. 25, 6519–6525.

Abkürzungsverzeichnis

BAR	Bin–Amphiphysin–Rvs
CNT	Kohlenstoffnanoröhren - *carbon nanotubes*
CoMoCAT	Co-Mo-*catalytic*
CVD	chemische Gasphasenabscheidung - *chemical vapour deposition*
DEP	Dielektrophorese
DGU	Dichtegradientenzentrifugation - *density gradient ultracentrifugation*
DMSO	Dimethylsulfoxid
DNA	Desoxyribonukleinsäure - *deoxyribonucleic acid*
DOC	*sodium desoxycholate*
DOPC	1,2-Dioleoyl-*sn*-glycero-3-phosphocholine
DOS	elektronische Zustandsdichte - *electronic density of states*
eGFP	weiterentwickeltes grün fluoreszierendes Protein - *enhanced green fluorescent protein*
FET	Feldeffekttransistor
FRAP	Fluoreszenzregeneration nach Photobleichung - *fluorescent recovery after photobleaching*
HiPCO	*high pressure carbon monoxid*
IEX	Ionenaustauschchromatographie - *ion-exchange chromatography*

mSWCNT	metallische Kohlenstoffnanoröhren - *metallic* SWCNT
MWCNT	mehrwandige Kohlenstoffnanoröhren - *multi-walled carbon nanotubes*
NBD-DOPE	1,2-dioleoyl-*sn*-glycero-3-phosphoethanol-amine -N-(7-nitro-2-1,3-benzoxadiazol-4-yl)
PL	Photolumineszenz
PLV	gepulste Laserverdampfung - *pulsed laser vaporization*
PVD	physikalische Gasphasenabscheidung - *physical vapour deposition*
SC	*sodium cholate*
scSWCNT	halbleitende Kohlenstoffnanoröhren - *semiconducting* SWCNT
SDBS	*sodium dodecylbenzenesulfonate*
SDS	*sodium dodecyl sulfate*
SH3	*Src-homology 3*
ssDNA	einzelsträngige Desoxyribonukleinsäure - *single-stranded deoxyribonucleic acid*
SWCNT	einwandige Kohlenstoffnanoröhren - *single-walled carbon nanotubes*
SWCNT-FET	Kohlenstoffnanoröhren-Feldeffekttransistor
SLB	substratunterstützte Doppellipidschicht - *supported lipid bilayer*

Zeichenerklärung

$\vec{F}$ .... Kraft

$\vec{K}_1$ .... reziproker ‚Chiralitätsvektor'

$\vec{K}_2$ .... reziproker ‚Translationsvektor'

$\vec{R}_i$ .... identische Verschiebung

$\vec{k}_f$ .... Fermi-Vektor

$\vec{k}$ .... Vektor im reziproken Raum

$\vec{T}$ .... Translationsvektor

n, m .... chirale Indizes

p, m .... Indizes für Partikel und Medium

a .... Länge der Basisvektoren

a_{cc} .... Abstand einer C-C-Bindung

A .... Fläche

C,c .... Konzentration

d .... Durchmesser

D .... Diffusionskonstante

e .... Elementarladung

E .... Energie

E^i_{jj} .... Übergansenergie

$F(t)$ .... Fluoreszenz-Zeit-Funktion

$f(t)$ .... fraktionale Fluoreszenz-Zeit-Funktion

G .... Gibbs-Energie

h .... Plancksches Wirkungsquantum

I .... Intensität

I .... Strom

K .... Gleichgewichtskonstante

K .... Clausius-Mossotti-Faktor

K .... Bleichparameter

l .... Länge

$N(E)$ .... Zahl der Zustände mit Energie E

N .... Anz. Hexagone in Einheitszelle

N .... Anzahl

p .... Familienindex

P .... Laserpower

r .... Radius

R .... Widerstand

t, T .... Zeit, -dauer

T .... Temperatur

U .... Spannung

V .... Volumeneinheit

$V_{pp\pi}$ .... Wechselwirkung nächster Nachbarn

w .... Bleachspotradius

w .... Halbwertsbreite

Anhang

1 Optische Eigenschaften von SWCNT

Tabelle 1.1: Optische Eigenschaften halbleitender SWCNT: Durchmesser, Chrialitätswinkel, Familie, Wellenlänge, Energie [102].

(n,m)	d_t [nm]	Θ [deg]	p	λ_{11} [nm]	E_{11} [eV]	λ_{22} [nm]	E_{22} [eV]
(6,5)	0,757	27,00	1	976	1,270	566	2,190
(7,3)	0,706	17,00	1	992	1,250	505	2,457
(7,5)	0,829	24,50	2	1024	1,211	645	1,921
(7,6)	0,895	27,46	1	1120	1,107	648	1,914
(8,1)	0,678	5,82	1	1041	1,191	471	2,632
(8,3)	0,782	15,30	2	952	1,303	665	1,863
(8,4)	0,840	19,11	1	1111	1,116	589	2,105
(8,6)	0,966	25,28	2	1173	1,057	718	1,727
(8,7)	1,032	27,80	1	1265	0,981	728	1,702
(9,1)	0,757	5,21	2	912	1,359	691	1,794
(9,2)	0,806	9,83	1	1138	1,090	551	2,251
(9,4)	0,961	17,48	2	1101	1,126	722	1,176
(9,5)	0,976	20,63	1	1241	0,999	672	1,845
(9,7)	1,103	25,87	2	1322	0,938	793	1,563
(9,8)	1,170	28,05	1	1410	0,879	809	1,533
(10,0)	0,794	0,00	1	1156	1,073	537	2.307
(10,2)	0,884	8,95	2	1053	1,177	737	1,683
(10,3)	0,936	12,73	1	1249	0,993	632	1,963
(10,5)	1,050	19,11	2	1249	0,993	788	1,574
(10,6)	1,111	21,79	1	1377	0,900	754	1,644
Fortsetzung auf der nächsten Seite							

(n,m)	d_t [nm]	Θ [deg]	p	λ_{11} [nm]	E_{11} [eV]	λ_{22} [nm]	E_{22} [eV]
(10,8)	1,240	26,33	2	1470	0,844	869	1,426
(10,9)	1,307	28,26	1	1556	0,797	889	1,395
(11,0)	0,873	0,00	2	1037	1,196	745	1,665
(11,1)	0,916	4,31	1	1265	0,980	610	2,032
(11,3)	1,014	11,74	2	1197	1,036	793	1,564
(11,4)	1,068	14,92	1	1371	0,904	712	1,740
(11,6)	1,186	20,36	2	1397	0,887	858	1,446
(11,7)	1,248	22,69	1	1516	0,818	836	1,484
(11,10)	1,444	28,43	1	1702	0,729	969	1280
(12,1)	0,995	3,96	2	1170	1,060	799	1,552
(12,2)	1.041	7,59	1	1378	0,900	686	1,807
(12,4)	1,145	13,90	2	1342	0,924	855	1,450
(12,5)	1,201	16,63	1	1499	0,827	793	1,563
(12,7)	1,321	21,36	2	1545	0,803	930	1,333
(12,8)*	1,384	23,41	1	1657	0,748	917	1,353
(13,0)	1,032	0,00	1	1384	0,896	677	1,831
(13,2)	1,120	7,05	2	1307	0,949	858	1,446
(13,3)	1,170	10,16	1	1498	0,828	764	1,624
(13,5)	1,278	15,61	2	1487	0,834	922	1,344
(13,6)	1,336	17,99	1	1632	0,760	874	1,419
(13,8)*	1,457	22,17	2	1692	0,733	1004	1,234
(14,0)	1,111	0,00	2	1295	0,957	859	1,443
(14,1)	1,153	3,42	1	1502	0,826	748	1,657
(14,3)	1,248	9,52	2	1447	0,857	920	1,347
(14,4)	1,300	12,22	1	1623	0,764	842	1,472
(14,6)	1,411	17,00	2	1633	0,759	992	1,250
(14,7)*	1,470	19,11	1	1768	0,701	955	1,299
(15,1)	1,232	3,20	2	1426	0,869	920	1,347
(15,2)	1,278	6,18	1	1622	0,764	822	1,508
(15,4)	1,377	11,52	2	1589	0,780	986	1,257
(15,5)*	1,431	13,90	1	1752	0,708	921	1,346
(16,0)	1,270	0,00	1	1623	0,764	815	1,521
Fortsetzung auf der nächsten Seite							

(n,m)	d_t [nm]	Θ [deg]	p	λ_{11} [nm]	E_{11} [eV]	λ_{22} [nm]	E_{22} [eV]
(16,2)	1,357	5,82	2	1561	0,794	984	1,260
(17,0)	1,350	0,00	2	1552	0,799	984	1,261

Tabelle 1.2: Optische Eigenschaften metallischer SWCNT: Chiralität, Durchmesser [87], Wellenlänge, Energie [53]. Es sind die Röhren ausgewählt, die geometrisch in der Nähe der halbleitenden liegen vgl. [64].

(n,m)	d_t [nm]	λ_{11} [nm]	E_{11} [eV]	λ_{22} [nm]	E_{22} [eV]
(5,5)	0,688	405	3,06		
(6,6)	0,825	449	2,76		
(7,4)	0,766	465	2,67		
(7,7)	0,963	498	2,49		
(8,2)	0,728	492	2,52		
(8,5)	0,902	502	2,47		
(8,8)	1,100	546	2,27		
(9,0)	0,715	508	2,44		
(9,3)	0,859	517	2,4		
(9,6)	1,038	544	2,28	506	2,45
(9,9)	1,238	599	2,07		
(10,1)	0,836	530	2,34		
(10,4)	0,992	551	2,25		
(10,7)	1,175	591	2,1	559	2,22
(10,10)	1,375	643	1,93		
(11,2)	0,963	559	2,22		
(11,5)	1,126	593	2,09	526	2,36
(11,8)	1,312	643	1,93	614	2,02
(11,11)	1,513	701	1,77		
(12,0)	0,953	564	2,20		
(12,3)	1,091	596	2,08	500	2,48
(12,6)	1,260	636	1,95	580	2,14
(12,9)	1,449	696	1,78	674	1,84
(12,12)	1,650	756	1,64		
(13,1)	1,074	599	2,07	486	2,55
(13,4)	1,222	636	1,95	554	2,24
(13,7)	1,396	685	1,81	633	1,96
(13,10)	1,586	743	1,67	721	1,72
Fortsetzung auf der nächsten Seite					

(n,m)	d_t [nm]	λ_{11} [nm]	E_{11} [eV]	λ_{22} [nm]	E_{22} [eV]
(13,13)	1,788	811	1,53		
(14,2)	1,199	639	1,94	536	2,31
(14,5)	1,354	681	1,82	608	2,04
(14,8)	1,531	734	1,69	689	1,80
(15,0)	1,191	639	1,94	532	2,33
(15,3)	1,326	678	1,83	588	2,11
(16,1)	1,312	681	1,82	580	2,14
(16,4)	1,455	725	1,71	642	1,93
(17,2)	1,436	725	1,71	630	1,97
(18,0)	1,429	725	1,71	623	1,99

Tabelle 1.3: Zusammenstellung einiger scSWCNT mit Übergängen E_{33}^S und E_{44}^S unterhalb von $556\,nm$ im Durchmesserbereich der *arc discharge*-Dispersion. Die Angaben der Geometrie und Energie wurden der Literatur entnommen [53, 102].

(n,m)	d_t [nm]	α [deg]	$\frac{p}{p}$	E [eV]	λ [nm]
E_{33}^S					
(11,7)	1,248	22,69	1	2,57	483
(11,9)	1,377	26,70	2	2,53	490
(12,10)	1,515	27,00	2	2,35	528
(12,11)	1,582	28,56	1	2,23	556
(13,8)	1,457	22,17	2	2,47	502
(14,6)	1,411	17,00	2	2,58	481
E_{44}^S					
(14,9)	1,594	22,85	2	2,55	486
(13,11)	1,652	27,25	2	2,53	490

2 Tabellarische Zusammenstellung der Matrixelemente von SWCNT

Tabelle 2.1: Berechnete Absorptionsintensitäten W_{ab} und Photolumineszenzintensitäten I_{PL} im Vergleich mit experimentell gemessenen Photolumineszenz (PL)-Intensitäten I_{HiPCO} [71].

Typ $p = 1$					
(n,m)	d [nm]	α [deg]	W_{ab}	I_{PL}	I_{HiPCO}
(6,4)	0,69	23,49	2,16	1,48	0,14
(7,5)	0,82	24,54	2,04	0,71	7,61
(8,3)	0,78	15,40	2,43	2,13	0,93
(8,6)	0,96	25,31	2,18	0,49	20,20
(9,1)	0,75	5,40	2,75	0,07	3,22
(9,4)	0,91	17,35	2,27	0,70	9,39
(9,7)	1,09	25,88	2,22	0,27	0,70
(10,2)	0,88	9,09	2,67	2,38	1,99
(10,5)	1,04	19,16	2,33	0,47	11,58
(11,3)	1,00	11,79	2,53	0,59	9,90
(11,6)	1,17	20,37	2,42	0,26	9,38
(12,1)	0,98	4,04	2,63	0,87	5,53
(12,4)	1,13	13,97	2,57	0,54	6,52
(13,2)	1,11	7,09	2,52	0,42	6,67
Fortsetzung auf der nächsten Seite					

Typ $p = 2$					
(n,m)	d [nm]	α [deg]	W_{ab}	I_{PL}	I_{HiPCO}
(6,5)	0,75	27,02	1,85	0,67	4,12
(7,6)	0,89	27,47	1,98	0,47	13,86
(8,4)	0,83	19,19	1,77	0,46	8,49
(8,7)	1,02	27,80	2,06	0,30	16,68
(9,2)	0,80	9,95	1,67	0,40	3,29
(9,5)	0,97	20,66	1,88	0,28	12,38
(9,8)	1,16	28,06	2,14	0,19	11,51
(10,3)	0,93	12,79	1,80	0,28	8,13
(10,6)	1,10	21,81	2,03	0,21	13,09
(11,1)	0,91	4,41	1,73	0,26	7,72
(11,4)	1,06	14,95	1,93	0,20	6,08
(12,2)	1,03	7,67	1,87	0,20	6,08
(12,5)	1,19	16,64	2,13	0,16	5,44
(13,3)	1,15	10,18	1,98	0,17	4,49

3 Charakterisierung der Ausgangsdispersionen

Tabelle 3.1: Zusammenstellung berechneter scSWCNT-Anteile aus den E_{11}^S-Übergängen einer HiPCO-Dispersion. Eine Abweichung von insgesamt 100 % kann durch Rundung auftreten.

(n,m)	Anteil [%]
(8,3)	6
(6,5)	5
(7,5)	3
(10,2)	8
(9,4)+(8,4)	16
(9,2)+(7,6)	4
(8,6)+(12,1)	14
(11,3)	1
(9,5)+(10,3)+(10,5)	19
(8,7)+(11,1)	7
(14,0)+(9,7)	5
(11,4)+(12,2)+(13,0)+(10,6)	12
(9,8)	2

Tabelle 3.2: Zusammenstellung berechneter halbleitende Kohlenstoffnanoröhren - *semiconducting* SWCNT (scSWCNT)-Anteile aus den E_{11}^S-Übergängen einer CoMoCAT-Dispersion. Eine Abweichung von insgesamt 100 % kann durch Rundung auftreten.

(n,m)	Anteil [%]
(8,3)	2
(6,5)	45
(7,5)	17
(10,2)	2
(9,4)+(8,4)+(7,6)	15
(9,2)	13
(8,6)	1
(9,5)	4
(11,1)	1

Tabelle 3.3: Zusammenstellung berechneter scSWCNT-Anteile aus den E_{11}^S und E_{22}^S Übergängen einer (6,5) CoMoCAT-Dispersion. Eine Abweichung von insgesamt 100 % kann durch Rundung auftreten.

(6,5) CoMoCAT	Anteil [%] aus E_{11}^S		Anteil [%] aus E_{22}^S
(6,5)	71	(6,5)	65
(8,4)+(9,4)	5	(8,4)	4
		(9,4)	3
(7,5)	2	(7,5)+(7,6)	13
(7,6)	8		
(8,3)	13	(8,3)	15

4 Detaillierte Auswertung des Überladungseffekts

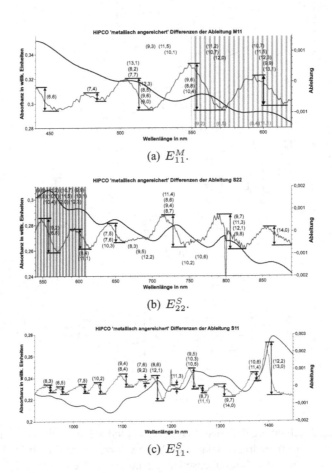

(a) E_{11}^M.

(b) E_{22}^S.

(c) E_{11}^S.

Abbildung 1: Ableitung der Absorbanz der ‚metallisch angereicherten' Fraktion nach niedriger Beladung. Pfeile kennzeichnen die für die Berechnung der Zusammensetzung genutzten Differenzen in der Ableitung.

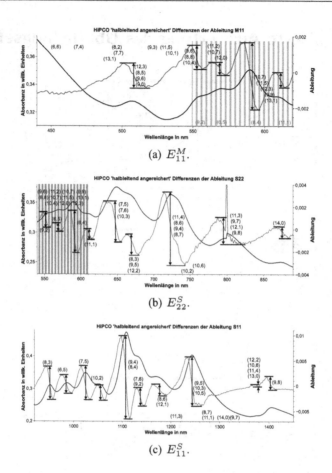

(a) E_{11}^M.

(b) E_{22}^S.

(c) E_{11}^S.

Abbildung 2: Ableitung der Absorbanz der ‚halbleitend angereicherten' Fraktion nach niedriger Beladung. Pfeile kennzeichnen die für die Berechnung der Zusammensetzung genutzten Differenzen in der Ableitung.

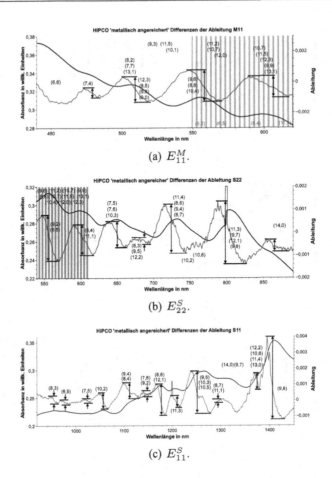

(a) E_{11}^M.

(b) E_{22}^S.

(c) E_{11}^S.

Abbildung 3: Ableitung der Absorbanz der ‚metallisch angereicherten' Fraktion nach Überladung. Pfeile kennzeichnen die für die Berechnung der Zusammensetzung genutzten Differenzen in der Ableitung.

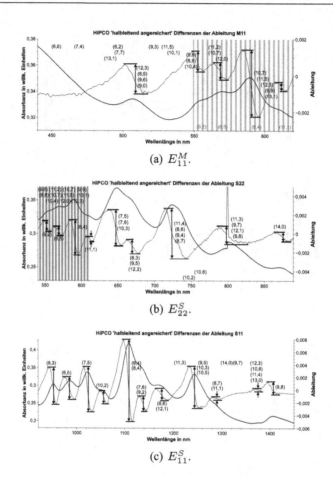

Abbildung 4: Ableitung der Absorbanz der ‚halbleitend angereicherten' Fraktion nach Überladung. Pfeile kennzeichnen die für die Berechnung der Zusammensetzung genutzten Differenzen in der Ableitung.

Tabelle 4.1: Zusammenstellung berechneter SWCNT-Anteile aus den E_{11}^S- und E_{22}^S-Übergängen der Dispersionen aus dem Experiment zur Säulenbeladung.

	Anteil in % aus E_{11}^S	Anteil in % aus E_{22}^S
HiPCO Dispersion		
halbleitend	79	67
metallisch	21	33
geringe Beladung metallisch angereichert		
halbleitend	71	58
metallisch	29	42
geringe Beladung halbleitend angereichert		
halbleitend	95	88
metallisch	5	12
hohe Beladung metallisch angereichert		
halbleitend	78	65
metallisch	22	36
hohe Beladung halbleitend angereichert		
halbleitend	94	84
metallisch	6	16

Tabelle 4.2: Zusammenstellung berechneter scSWCNT-Anteile aus E_{11}^S Übergängen der Dispersionen aus dem Experiment zur Säulenbeladung. Die Angabe der ersten Nachkommastelle soll hier der Abschätzung des Trends dienen.

	geringe Beladung	hohe Beladung
(8,3)	12,1	13,3
(6,5)	6,6	8,0
(7,5)	12,3	15,9
(10,2)	5,5	4,5
(9,4)+(8,4)	30,5	29,3
(9,2)+(7,6)	6,5	5,1
(8,6)+(12,1)	3,9	4,0
(9,5)+(10,3)+(10,5)	17,7	14,5
(8,7)+(11,1)	0	0,6
(14,0)+(9,7)	0	4,1
(11,4)+(12,2)+(13,0)+(10,6)	0,6	0,7
(9,8)	4,4	0

5 HiPCO-Sortierung

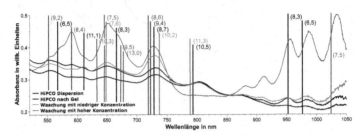

(a) Sortierung HiPCO Dispersion.

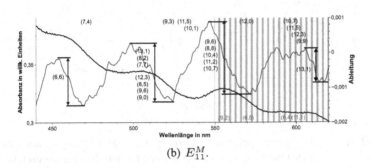

(b) E_{11}^{M}.

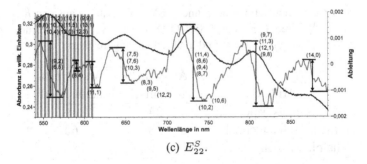

(c) E_{22}^{S}.

Abbildung 1: Absorptionsspektren Sortierung HiPCO-Dispersion und Auswertung ‚metallisch angereichert'.

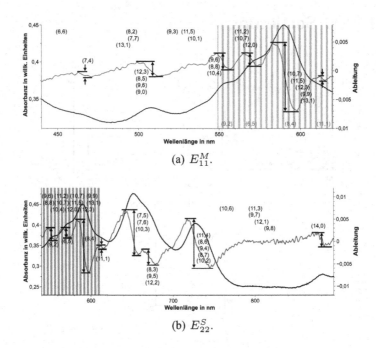

(a) E_{11}^{M}.

(b) E_{22}^{S}.

Abbildung 2: Absorptionsspektren Sortierung *high pressure carbon monoxid* (HiPCO)-Dispersion und Auswertung ‚halbleitend angereichert‘.

Tabelle 5.1: Zusammenstellung berechneter SWCNT-Anteile aus den E_{22}^{S} und E_{11}^{M} Übergängen einer HiPCO-Dispersion vor der Sortierung, ‚metallisch angereichert‘ und ‚halbleitend angereichert‘.

HiPCO	Anteil in % ‚metallisch‘	Anteil in % ‚halbleitend‘
Ausgangsdispersion	34	66
metallisch angereichert	38	62
halbleitend angereichert	16	84

6 CoMoCAT-Sortierung

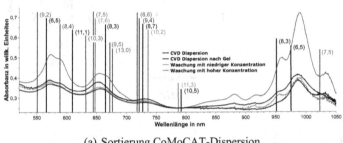

(a) Sortierung CoMoCAT-Dispersion.

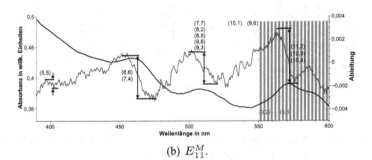

(b) E_{11}^M.

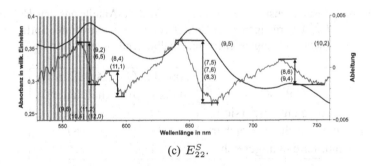

(c) E_{22}^S.

Abbildung 1: Absorptionsspektren Sortierung CoMoCAT-Dispersion und Auswertung ‚metallisch angereichert'.

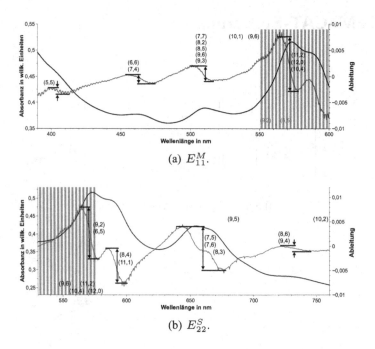

(a) E_{11}^M.

(b) E_{22}^S.

Abbildung 2: Absorptionsspektren Sortierung CoMoCAT-Dispersion und Auswertung ‚halbleitend angereichert'.

Tabelle 6.1: Zusammenstellung berechneter SWCNT-Anteile aus den E_{22}^S und E_{11}^M Übergängen einer CoMoCAT-Dispersion vor der Sortierung, ‚metallisch angereichert' und ‚halbleitend angereichert'.

CoMoCAT	Anteil in % ‚metallisch'	Anteil in % ‚halbleitend'
Ausgangsdispersion	40	60
metallisch angereichert	43	57
halbleitend angereichert	24	76

Tabelle 6.2: Zusammenstellung berechneter scSWCNT-Anteile aus E_{22}^S Übergängen CoMoCAT-SWCNT-Sortierung.

CoMoCAT	Ausgangs-dispersion	‚metallisch'	‚halbleitend'
(9,2)+(6,5)	33	30	40
(8,4)+(11,1)	14	14	25
(7,5)+(7,6)+(8,3)	40	41	32
(8,6)+(9,4)	13	15	3

7 (6,5) CoMoCAT-Sortierung

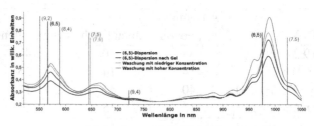

(a) Sortierung (6,5)-Dispersion.

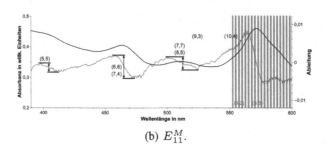

(b) E_{11}^M.

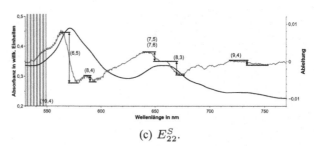

(c) E_{22}^S.

Abbildung 1: Absorptionsspektren Sortierung (6,5)-Dispersion und Auswertung ,metallisch angereichert'.

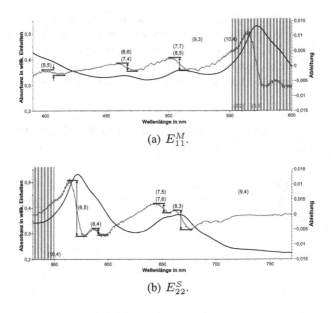

(a) E_{11}^M.

(b) E_{22}^S.

Abbildung 2: Absorptionsspektren Sortierung (6,5)-Dispersion und Auswertung ‚metallisch angereichert'.

Tabelle 7.1: Zusammenstellung berechneter SWCNT-Anteile aus den E_{22}^S und E_{11}^M Übergängen einer (6,5) CoMoCAT-Dispersion vor der Sortierung, ‚metallisch angereichert' und ‚halbleitend angereichert'.

(6,5) CoMoCAT	Anteil in % ‚metallisch'	Anteil in % ‚halbleitend'
Ausgangsdispersion	39	61
metallisch angereichert	44	56
halbleitend angereichert	27	72

Tabelle 7.2: Zusammenstellung berechneter scSWCNT Anteile aus E_{22}^S Übergängen der Dispersionen der Sortierung der (6,5) CoMoCAT-SWCNT. In der Ausgangsdispersion ist der Peak der (7,5) und (7,6) Typen nicht zu trennen von (8,3). Der Gesamtwert 26 % ist deshalb entsprechend der Verhältnisse im Bereich der E_{11}^S aufgeteilt.

(6,5) CoMoCAT	Ausgangs-dispersion	‚metallisch'	‚halbleitend'
(6,5)	63	66	64
(8,4)	7	2	6
(7,5)+(7,6)	10	12	9
(8,3)	16	15	20
(9,4)	4	5	

Publikationen

1. Beitrag in einem Journal

a) Frieder Ostermaier und Michael Mertig. Sorting of CVD-grown single-walled carbon nanotubes by means of gel column chromatography. physica status solidi (b), 250(12):2564-2568, Dezember 2013.

b) Frieder Ostermaier, Linda Scharfenberg, Kristian Schneider, Stefan Hennig, Kai Ostermann, Juliane Posseckardt, Gerhard Rödel und Michael Mertig. From 2d to 1d functionalization: Steps towards a carbon nanotube based biomembrane sensor for curvature sensitive proteins. physica status solidi (a), 212(6):1389-1394, Juni 2015.

2. Vorträge

a) Frieder Ostermaier und Michael Mertig. Sorting of single-walled carbon nanotubes using gel permeation chromatography. DPG Frühjahrstagung, Regensburg, März 2013.

3. Poster

a) Frieder Ostermaier, Linda Scharfenberg, Kristian Schneider, Stefan Henning, Kai Ostermann, Juliane Posseckardt und Michael Mertig. From 2D to 1D functionalization: carbon nanotube based biomembrane sensor for curvature sensitive proteins. Engineering of Functional Interfaces (EnFI), Jülich, Juli 2014.

b) Frieder Ostermaier, Hans-Georg von Ribbeck, Lukas Eng und Michael Mertig. Investigation of Thz absorption on single-walled carbon nanotubes. DPG Frühjahrstagung, Regensburg, März 2013.

c) Frieder Ostermaier und Michael Mertig. Sorting of single-walled carbon nanotubes by means of gel permeation chromatography. International Winterschool on Electronic Properties of Novel Materials (IWEPNM), Kirchberg (Tirol), März 2013.

d) Frieder Ostermaier und Michael Mertig. Dynamic sorting of carbon nanotubes. DPG Frühjahrstagung, Dresden, März 2011.

Printed in the United States
By Bookmasters